数据驱动下的系统动力学研究

任景莉　郭晓向　著

科学出版社

北京

内 容 简 介

在大数据科学快速发展的时代背景下,随着海量数据处理技术的积累以及人工智能算法的逐步成熟,数据驱动型创新应用研究将成为推动科技进步、迭代行业发展的有效途径. 本书围绕材料学、金融学、流行病学等学科实际应用数据驱动下的系统动力学研究,探讨了动力学理论、人工智能、神经网络等前沿热门方法的精准开发与应用. 内容包括系统动力学演化性质的定量刻画、动力学演化机制的预测设计、稀疏动力学方法对数据中隐含的数学模型提取,以及数据驱动的研究方法在高熵合金塑性锯齿流动力学的演化分析、类流感疾病暴发情况的时空动力学分析与预测、非晶合金纳米划痕机制下的数学模型提取等实际问题. 本书内容主要是作者与合作者近几年的科研成果.

本书可作为高等院校理工科研究生"数据科学"领域的教学参考书、应用数学专业高年级本科生的选修课参考书,也可作为相关领域教师以及科研工作者的科研参考资料.

图书在版编目(CIP)数据

数据驱动下的系统动力学研究/任景莉,郭晓向著. —北京:科学出版社,2023.2
ISBN 978-7-03-072668-1

Ⅰ. ①数… Ⅱ. ①任… ②郭… Ⅲ. ①系统动态学-研究 Ⅳ. ①N941.3

中国版本图书馆 CIP 数据核字(2022) 第 111120 号

责任编辑: 胡庆家 李 萍 / 责任校对: 彭珍珍
责任印制: 吴兆东 / 封面设计: 无极书装

科学出版社 出版
北京东黄城根北街 16 号
邮政编码: 100717
http://www.sciencep.com
固安县铭成印刷有限公司印刷
科学出版社发行 各地新华书店经销
*
2023 年 2 月第 一 版 开本: 720×1000 1/16
2024 年 4 月第三次印刷 印张: 9 3/4
字数: 196 000
定价: 78.00 元
(如有印装质量问题, 我社负责调换)

前　言

随着现代信息技术的发展, 世界已跨入了互联网 + 大数据时代. 大数据的收集、加工、存储和利用能力已经成为各国科技竞争力的重要体现. 人类对未知世界的认知本质上是从数据中探索、发现科学问题, 解决科学问题的过程.

数据驱动下的系统动力学广泛存在于生物、化学、材料、经济等不同学科中. 本书从系统动力学和数据科学的一些基本概念和定理出发, 如动力系统、相空间重构、嵌入定理等, 讲述了相空间中几何不变量的应用与计算方法, 并给出了相应的 MATLAB 计算代码. 然后本书基于时间序列相空间重构的时间域与空间域分布特征, 介绍了可实现混沌时间序列预测的时滞参数化方法、动态前馈神经网络方法, 详细阐述了应用粒子群优化算法、遗传算法等智能优化算法对模型参数的求解. 同时, 对于数据中隐含的动力学模型提取问题, 讲解了稀疏识别算法的应用与代码实现. 最后本书以材料科学中高熵合金压缩、拉伸实验下的塑性锯齿流动力学研究为例, 讲述了分形维数、近似熵、最大 Lyapunov 指数等指标在刻画应力信号动力学演化特征中的应用; 以材料科学中应力-应变信号变化趋势预测、金融市场中股票走势预测, 以及类流感疾病暴发情况预测为例, 讲述了时滞参数化方法、动态前馈神经网络方法的应用; 以材料科学中合金塑性变形过程获得的数据为例, 讲述了稀疏识别算法对非晶合金薄膜纳米划痕机制下的模型提取以及对高熵合金拉伸变形过程中微观结构转变的模型提取.

本书正文涉及的所有图都可以扫封底二维码查看.

作者在从事这项研究的过程中得到了很多专家的支持和帮助, 如中国科学院郭雷院士、汪卫华院士和中国工程院崔俊芝院士等, 在此表示诚挚感谢.

感谢国家自然科学基金项目 (No.11771407、No.52071298) 和中原科技创新领军人才项目 (No. 214200510010) 的资助.

限于水平有限, 书中难免存在疏漏和不足之处, 敬请读者批评指正.

任景莉

2022 年 1 月

目　　录

第 1 章 基 础 知 识

本章介绍了动力系统与相空间重构的基本概念与定理, 包括相空间、流、半流、轨道及稳定性等基本概念, 以及 Takens 嵌入定理和广义嵌入定理, 给出了利用时间延迟和嵌入维数对相空间的重构.

1.1 动 力 系 统

1.1.1 基本概念

动力系统是确定性过程这个一般科学概念的数学形式化. 在生物、化学、经济、生态、物理等诸多系统中, 系统的将来状态和过去状态都可以用其现在的状态加上决定其发展的规律来刻画到某种程度. 如果这一发展规律不随时间变化, 那么这一系统就是稳态的, 且系统的性态完全由初始状态决定. 因此动力系统的定义应当包含其发展的规律以及所有可能出现的状态. 在给出动力系统的数学化定义之前我们先介绍流、半流以及轨道这些概念.

一个系统所有可能的状态可以用集合 X 中的点来刻画, 这个集合就称为系统的**状态空间**. 通常状态空间也叫做**相空间**. 系统的发展规律可以用状态空间上的映射来定义. 记系统的初始状态为 x_0, 系统在 t 时刻的状态为 x_t, 定义状态空间 X 上的映射 φ^t:

$$\varphi^t : X \to X,$$

将 $x_0 \in X$ 映射为 t 时刻的状态 $x_t \in X$:

$$x_t = \varphi^t(x_0). \tag{1.1}$$

映射 φ^t 通常被称为系统的**发展算子**. 在连续时间情况下, 发展算子族 $\{\varphi^t\}_{t \in T}$ 称为**流**. 若发展算子 φ^t 对 $t \geqslant 0$ 和 $t < 0$ 都有定义, 则称这样的动力系统是**可逆的**. 可逆系统的初始状态不仅确定着系统的将来状态, 也确定系统的过去状态. 若发展算子仅对 $t \geqslant 0$ 有定义, 则这样的系统**不可逆**. 不可逆系统的发展算子在连续时间情形下称为**半流**.

发展算子 φ^t 满足两个性质:

(1) 恒同映射存在性: $\varphi^0 = \mathrm{id}$, 这里 id 是状态空间 X 上的恒同映射;

(2) 时间运算保态性: $\varphi^{s+t} x = \varphi^t(\varphi^s x)$.

　　恒同映射存在性说明系统不会 "本能地" 改变它的状态; 时间运算保态性表明系统从点 $x \in X$ 出发, 经过 $t+s$ 时间的发展结果与状态 x 先经过 s 个时间单位到达 $\varphi^s x$ 再经过 t 个时间单位演化所到达的状态是一致的 (图 1.1), 这说明系统状态的演化规律不会随时间变化.

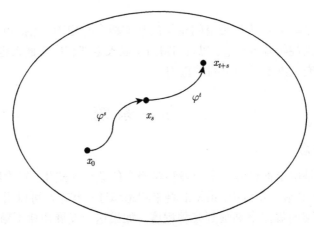

图 1.1　发展算子的时间运算保态性

　　下面给出动力系统的正式定义:

　　定义 1.1　动力系统是一个三元组 $\{T, X, \varphi^t\}$, 其中, T 是时间集, X 是状态空间, $\varphi^t : X \to X$ 是定义在状态空间上满足恒同映射存在性、时间运算保态性的发展算子族.

　　用两个例子来说明这个定义.

　　例 1.1 (平面线性系统)　考虑状态空间 $X = \mathbb{R}^2$ 上依赖于 $t \in \mathbb{R}^1$ 的矩阵

$$\varphi^t = \begin{pmatrix} e^{\lambda t} & 0 \\ 0 & e^{\mu t} \end{pmatrix},$$

其中 $\lambda, \mu \neq 0$ 为实数. 显然, 它确定了 X 上的一个连续-时间动力系统, 且此系统可逆. 映射 φ^t 对所有的 (x, t) 都有定义, 对 x 和 t 连续且光滑.

　　例 1.2 (符号动力系统)　考虑所有可能的由两个符号, 例如 $\{a, b\}$, 所构成的双向无穷序列集合 Ω_2 为状态空间 X. 映射 $\psi : X \to X$, 将序列

$$\omega = \{\cdots, \omega_{-2}, \omega_{-1}, \omega_0, \omega_1, \omega_2, \cdots\} \in X, \quad \omega_i \in \{a, b\}$$

映射为序列 $\theta = \psi(\omega)$:

$$\theta = \{\cdots, \theta_{-2}, \theta_{-1}, \theta_0, \theta_1, \theta_2, \cdots\} \in X,$$

其中 $\theta_k = \omega_{k+1}, k \in \mathbb{Z}$. 映射 ψ 将序列 ω 向左移动了一个位置构成了序列 θ. 这个映射称为移位映射, 它定义了一个可逆的离散-时间动力系统 $\{\mathbb{Z}, \Omega_2, \psi^k\}$, 称为符号动力系统.

与动力系统 $\{T, X, \varphi^t\}$ 相对应的基本几何对象是相空间中动力系统的轨道, 以及由这些轨道所组成的相图. 下面我们给出动力系统轨道的定义.

定义 1.2 状态空间 X 中从 x_0 出发的一条轨道是指状态空间的一个有序子集,

$$\mathrm{Or}(x_0) = \{x \in X : x = \varphi^t x_0, \text{ 对于一切 } t \in T \text{ 使得 } \varphi^t x_0 \text{ 有定义}\}.$$

如果对于一切的 $t \in T$ 有 $\varphi^t x_0 = x_0$, 则称点 $x_0 \in X$ 为平衡点或者不动点 (一般在连续-时间系统中我们称这样的点为平衡点, 在离散-时间系统中称这样的点为不动点). 平衡点是相空间中最简单的轨道, 另一种简单形式的轨道为环.

定义 1.3 环是一个周期轨道. 即对一个非平衡点轨道 L_0 满足: 轨道上的任一点 $x_0 \in L_0$ 存在 $T_0 > 0$ 使得对所有 $t > T_0$ 有 $\varphi^{t+T_0} x_0 = \varphi^t x_0$ 成立.

满足周期轨道性质的最小 T_0 称为环 L_0 的周期. 在连续-时间系统中, 环 L_0 是一条闭曲线, 如图 1.2(a). 连续-时间系统的一个环, 如果它的邻域内没有其他环存在就称这个环为极限环. 在离散-时间系统中, 环是一个点集, 如图 1.2(b),

$$L_0 = \{x_0, \; \varphi^1 x_0, \; \varphi^2 x_0, \; \cdots, \; \varphi^{N-2} x_0, \; \varphi^{N-1} x_0, \; \varphi^N x_0 = x_0\},$$

环 L_0 的周期 $T_0 = N$ 为整数. 值得注意的是, 离散轨道上的每一个点都是映射 φ 的 N 次迭代 φ^N 的不动点.

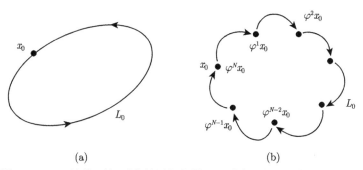

(a) (b)

图 1.2 (a) 连续-时间系统的周期轨道; (b) 离散-时间系统的周期轨道

1.1.2 不变集与稳定性

下面介绍动力系统不变集以及稳定性的概念.

定义 1.4 集合 $S \in X$ 是动力系统 $\{T, X, \varphi^t\}$ 的不变子集, 则有 $x_0 \in S$, 对所有 $t \in T$ 有 $\varphi^t x_0 \in S$.

定义 1.5 (Lyapunov 稳定) 不变集 S_0 称为 Lyapunov 稳定的, 如果对任何充分小的邻域 $U \supset S_0$, 存在邻域 $V \supset S_0$, 使得对一切 $x \in V$, $t > 0$ 有 $\varphi^t x \in U$.

定义 1.6 (渐近稳定) 不变集 S_0 称为渐近稳定的, 如果存在邻域 $U_0 \supset S_0$, 使得对一切 $x \in S_0$, 当 $t \to +\infty$ 时 $\varphi^t x \to S_0$.

简单来说, 如果不变集 S_0 是 Lyapunov 稳定的, 那么它的轨道受到扰动后仍然停留在 S_0 附近; 如果不变集是渐近稳定的, 那么轨道在扰动后都会收敛到 S_0. 当然存在不变集是 Lyapunov 稳定的, 但它不是渐近稳定的 (图 1.3(a)), 同样也存在不变集, 它是吸引的但不是 Lyapunov 稳定的 (图 1.3(b)).

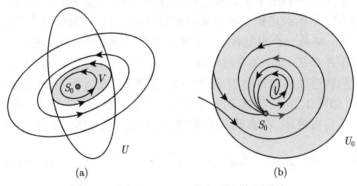

(a)   (b)

图 1.3   (a) Lyapunov 稳定; (b) 渐近稳定

若 x_0 是有限维离散-时间光滑动力系统的不动点, 可以借助定理 1.1 来叙述稳定性的充分条件.

定理 1.1   离散-时间动力系统

$$x \longmapsto f(x), \quad x \in \mathbb{R}^n,$$

这里 f 是光滑映射. 假设 x^0 是系统的不动点, 即 $f(x^0) = x^0$. 记 $f(x)$ 在 x^0 处的雅可比矩阵为 $A = f_x(x^0)$, 则当 A 的所有特征值 $\mu_1, \mu_2, \cdots, \mu_n$ 满足 $|\mu_i| < 1$ 时不动点是稳定的.

对于连续-时间动力系统, 平衡点 x^0 稳定的充分条件由定理 1.2 给出.

定理 1.2   考虑微分方程定义的连续-时间动力系统

$$\dot{x} = f(x), \quad x \in \mathbb{R}^n,$$

这里 f 是光滑函数. 假设系统有平衡点 x^0, 即 $f(x^0) = 0$. 记 $f(x)$ 在平衡点处的

雅可比矩阵为 $A = f_x(x^0)$. 如果 A 的所有特征值 $\lambda_1, \lambda_2, \cdots, \lambda_n$ 满足 $\mathrm{Re}(\lambda_i) < 0$, 那么平衡点 x^0 是稳定的.

定理 1.3 (压缩映射原理) 设 X 是一个完备的距离空间, 距离为 ρ. 如果存在连续映射 $f: X \to X$, 使得对一切 $x, y \in X$ 和某个 $0 < \lambda < 1$ 满足

$$\rho(f(x), f(y)) \leqslant \lambda \rho(x, y),$$

则离散-时间动力系统 $\{\mathbb{Z}_+, X, f^k\}$ 有一个稳定的不动点 $x^0 \in X$, 并且对任意点 $x \in X$ 出发的轨道, 当 $k \to +\infty$ 时有 $f^k(x) \to x^0$.

注意, 压缩映射原理保证了不动点 x^0 的存在性和唯一性, 并且给出了不动点大范围渐近稳定性的证明工具.

例 1.3 化学系统中的一个例子 (Brussel 振子), 假设系统是由底物通过下面几个不可逆反应步骤组成:

$$\begin{aligned}
A &\xrightarrow{k_1} X, \\
B + X &\xrightarrow{k_2} Y + D, \\
2X + Y &\xrightarrow{k_3} 3X, \\
X &\xrightarrow{k_4} 3X, \\
X &\xrightarrow{k_4} E,
\end{aligned}$$

这里, 大写字母表示试剂, 箭头上的 k_i 表示对应的反应率, 底物 D 和 E 不再加入反应, A 和 B 假设为常数. 由质量作用定律, 得出下面两个关于 X, Y 浓度的非线性方程:

$$\begin{cases}
\dfrac{d[X]}{dt} = k_1[A] - k_2[B][X] - k_4[X] + k_3[X]^2[Y], \\
\dfrac{d[Y]}{dt} = k_2[B][X] - k_3[X]^2[Y].
\end{cases}$$

对变量和时间做线性尺度化得

$$\begin{cases}
\dot{x} = \alpha - (\beta + 1)x + x^2 y, \\
\dot{y} = \beta x - x^2 y.
\end{cases}$$

试求解 Brussel 振子方程的平衡点及平衡点稳定时参数需满足的条件.

系统平衡点 (x_0, y_0) 满足

$$\begin{cases}
\alpha - (\beta + 1)x_0 + x_0^2 y_0 = 0, \\
\beta x_0 - x_0^2 y_0 = 0.
\end{cases}$$

求解得 $(x_0, y_0) = (\alpha, \beta/\alpha)$. 系统在平衡点 (x_0, y_0) 处的特征方程满足

$$\lambda^2 + (\alpha^2 - \beta + 1)\lambda + \alpha^2 = 0.$$

由定理 1.2, 若使系统在平衡点稳定, 则需

$$\alpha^2 - \beta + 1 < 0,$$

即, $\alpha^2 + 1 < \beta$.

例 1.4 (Volterra 生态模型)   Volterra 生态模型是最早的生态系统模型之一, 由两个非线性微分方程刻画:

$$\begin{cases} \dot{N}_1 = aN_1 - bN_1N_2, \\ \dot{N}_2 = -cN_2 + dN_1N_2, \end{cases}$$

其中 N_1 和 N_2 分别是被捕食者和捕食者的个数. 在生态系统中, a 是被捕食者生长率, c 是捕食者死亡率, b 和 d 刻画捕食者消耗被捕食者的效率. 试分析 Volterra 生态系统平衡点的稳态性.

系统平衡点 $(\bar{N}_1, \bar{N}_2)$ 满足

$$\begin{cases} aN_1 - bN_1N_2 = 0, \\ -cN_2 + dN_1N_2 = 0. \end{cases}$$

求解得系统的非零平衡点为 $(\bar{N}_1, \bar{N}_2) = (c/d, a/b)$. 系统在平衡点处的特征方程满足 $\lambda^2 + ac = 0$, 即 $\lambda_1 + \lambda_2 = 0$, 不能保证所有特征值的实部小于零. 故系统在平衡点处不稳定.

1.2   相空间重构

现实自然界与社会中出现的现象是十分复杂的, 通常我们可以运用非线性方程的动力学演化规律来简化反映复杂现象的变化特征. 然而, 对于大多数客观世界的复杂现象, 我们并不能找到确定性的方程来刻画其动态性质, 有时我们仅仅能够在系统中观测到一系列随时间变化的数值, 而且这些观测值并不一定就是系统的自变量, 也可能是与系统自变量相关的一系列数据. 那么, 我们能否从观测的时间序列中得到系统的动力学性质呢? 相空间重构方法与嵌入定理给出了肯定回答.

系统中任一变量的演化都是由与之相互作用的其他变量所决定的, 那么这些相关分量的信息就会隐含在任一分量的发展过程中. 因此我们可以从某一分量的

时间序列中提取和恢复出原始系统的动力学规律. 低维时间序列可以通过重构扩展到高维空间中, 进而将序列中蕴含的信息充分显露出来, 并且原始系统的演化规律体现在高维系统相空间的轨道变化特征中. 依据 Takens 嵌入定理, 重构相空间中轨道的动力学演化与观测变量所在的原始系统的动力学行为是拓扑等价的.

相空间重构是一种为了揭示时间序列演化动力学性质的延迟坐标方法. 时间序列作为系统的观测变量, 其演化规律是系统的全局动力学性质在某一变量方向上的局部投射. 对于时间序列 $S = \{s_1, s_2, s_3, \cdots, s_N\}$, N 是时间序列的长度, 其重构相空间 R 定义为

$$R = \{\vec{s}_i,\ \vec{s}_{i+\tau},\ \vec{s}_{i+2\tau}, \cdots,\ \vec{s}_{i+(m-1)\tau}\}, \quad i = 1,\ 2, \cdots,\ N - (m-1)\tau, \quad (1.2)$$

这里 τ 是时间延迟, m 是嵌入维数. 为了更直观理解重构相空间, R 中的点的坐标可以用矩阵形式表示:

$$R = \begin{pmatrix} s_1 & s_{1+\tau} & s_{1+2\tau} & \cdots & s_{1+(m-1)\tau} \\ s_2 & s_{2+\tau} & s_{2+2\tau} & \cdots & s_{2+(m-1)\tau} \\ \vdots & \vdots & \vdots & & \vdots \\ s_{N-(m+1)\tau} & s_{N-(m+2)\tau} & s_{N-(m+3)\tau} & \cdots & s_N \end{pmatrix}, \quad (1.3)$$

这里, 矩阵 R 的每一行都是相空间中的一个点的坐标, 即 R 中每一点都是一个 m 维的延迟坐标向量.

时间延迟和嵌入维数是相空间重构过程中两个十分关键的参数[1]. 当时间延迟 τ 取值太小时, $\vec{s}_i, \vec{s}_{i+\tau}, \vec{s}_{i+2\tau}, \cdots$ 之间差别不大, 相空间中的轨道演化特征不明显, 不利于特征提取. 当 τ 取值过大时, $\vec{s}_i, \vec{s}_{i+\tau}, \vec{s}_{i+2\tau}, \cdots$ 之间过度分离, 点与点之间的相关性减小, 使得相空间的部分动力学信息丢失. 对于嵌入维数 m 的选取, 当 m 取值较小时, 相空间不能完全展开且吸引子有重叠. 当 m 取值过大时会增加计算的冗余, 使得计算耗时过长并且占据计算存储空间过大. 传统的求解时间延迟的方法有自相关函数法[2]、平均位移法[3]、复自相关法[4,5]、互信息法[6,7] 和 C-C 法[8] 等. 求解嵌入维数的方法主要有几何不变量法[9]、虚假邻点法[10] 以及改进的虚假邻点法 (Cao 方法)[11]. 下面我们介绍几种常见的时间延迟与嵌入维数求解方法.

1.2.1 时间延迟求解——自相关函数法

对于时间序列 $\{s_1, s_2, s_3, \cdots, s_N\}$ 来说, 自相关函数法考察的是 $s_i, s_{i+\tau}$ 与观测平均值 $\bar{s}$ 之间差值的线性相关性, 即

$$s_{i+\tau} - \bar{s} = C(\tau)(s_i - \bar{s}),$$

这里 $\bar{s} = \frac{1}{N}\sum_{i=1}^{N} s_i$. 那么使得

$$\sum_{i=1}^{N-\tau}[s_{i+\tau} - \bar{s} - C(\tau)(s_i - \bar{s})]^2$$

取得最小值的 $C(\tau)$ 就定义为时间序列 $\{s_i\}$ 的线性自相关函数:

$$C(\tau) = \frac{\frac{1}{N-\tau}\sum_{i=1}^{N-\tau}(s_{i+\tau} - \bar{s})(s_i - \bar{s})}{\frac{1}{N-\tau}\sum_{i=1}^{N-\tau}(s_i - \bar{s})^2}. \tag{1.4}$$

当 $C(\tau)$ 第一次取值为零时对应的 τ 值就是所求的延迟时间间隔, 此时在平均意义下 $s_{i+\tau}$ 和 s_i 是线性无关的.

自相关函数法是一种比较简单的求解时间延迟的方法, 但是这种方法只考虑了时间序列中 $s_{i+\tau}$ 与 s_i 的线性关系. 当 τ 取恰当的值时, s_i 与 $s_{i+\tau}$ 之间可以不相关, 但是 s_i 与 $s_{i+2\tau}$ 之间线性相关. 也就是说自相关函数法求得的时间延迟一般不能够推广到高维情况中. 针对这一问题, 林嘉宇和马红光等在自相关法和平均位移法[3] 的基础上提出了复自相关法[4,5]. 另一方面, 自相关函数法并没有考虑时间序列中的非线性关系, 接下来我们介绍一种能够考虑非线性关系的时间延迟求解方法: 互信息法.

1.2.2 时间延迟求解——互信息法

互信息 (mutual information, MI) 表示两个变量 X,Y 是否有关系, 以及关系的强弱. 设两个变量 X,Y 的联合密度函数为 $p(x,y)$, 边际密度函数分别为 $p(x)$ 和 $p(y)$, 互信息定义为联合分布与边际分布的相对熵:

$$I(X,Y) = \sum_{x\in X}\sum_{y\in Y} p(x,y)\log_2\frac{p(x,y)}{p(x)p(y)}.$$

互信息与熵之间的关系有

$$I(X,Y) = H(X) - H(X|Y) = H(Y) - H(Y|X).$$

$H(Y)$ 为 Y 的熵, 衡量的是 Y 的不确定度, Y 分布得越离散, $H(Y)$ 的值越高. $H(Y|X)$ 表示在已知 X 的情况下, Y 的不确定度. 所以, $I(X,Y)$ 可以解释为由于 X 的引入而使 Y 的不确定度减小的量. 即 X 的值透露了多少关于 Y 的信息量. 所以, 如果 X,Y 关系越密切, $I(X,Y)$ 就越大.

对于观测时间序列 $\{s_k\}, k = 1, 2, \cdots, N$, 在 t 时刻与 $t+\tau$ 时刻的观测变量之间的平均互信息定义为

$$I(\tau) = \sum_{t=1}^{N-\tau} P(s_t, s_{t+\tau}) \log_2 \frac{P(s_t, s_{t+\tau})}{P(s_t)P(s_{t+\tau})}, \tag{1.5}$$

其中, $P(s_t), P(s_{t+\tau})$ 分别是观测值 s_t 与 $s_{t+\tau}$ 出现的概率, 可以通过时间序列的分布直方图获得. $P(s_t, s_{t+\tau})$ 表示 $s_t, s_{t+\tau}$ 同时出现的联合概率, 可以通过计算时间序列 $\{s_k\}$ 与 $\{s_{k+\tau}\}$ 的二维分布直方图获得. Shaw 建议选择互信息的第一个极小值对应的延迟量作为相空间重构的时间延迟, 因为此时产生的冗余最少, 独立性最大, Fraser 给出了互信息计算的递归算法[6]. 例如, 图 1.4 给出的是平均互信息 $I(\tau)$ 与时间延迟 τ 的变化曲线, $I(\tau)$ 第一次达到极小值时对应的时间延迟为重构相空间的最佳时间延迟 τ_0, 图中 $\tau_0 = 5$. 互信息法与自相关函数法相比考虑了时间序列的非线性依赖特征, 其结果明显优越于自相关函数法.

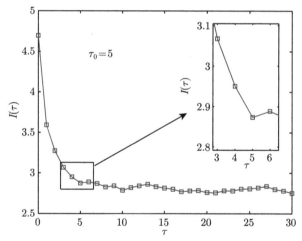

图 1.4　平均互信息 $I(\tau)$ 与时间延迟 τ 的函数关系曲线

1.2.3　嵌入维数求解——伪最近邻点法

在相空间重构过程中, 当嵌入维数取值过小时相空间中的吸引子就不能完全展开. 如果相空间的结构有重叠, 相空间中的最近邻点在真实的相空间中相距可能会很远, 即在未完全展开的相空间中紧邻点可能是伪最近邻点. 伪最近邻点法求解最佳嵌入维数的思想就是随着嵌入维数的增加, 相空间中的伪最近邻点会逐渐减少, 当相空间中最近邻点的距离不再发生变化时相空间就完全展开了, 此时对应的嵌入维数就是重构相空间的最佳嵌入维数.

对于观测时间序列 $\{s_1, s_2, s_3, \cdots, s_N\}$ 而言, 若其对应的时间延迟为 τ, 则在 m 维重构相空间中点的坐标记为

$$P(i) = (s_i, s_{i+\tau}, s_{i+2\tau}, \cdots, s_{i+(m-1)\tau}), \quad i = 1, 2, \cdots, N - (m-1)\tau.$$

记其最近邻点为

$$\begin{aligned} P^{nb}(i) &= (s_i^{nb}, s_{i+\tau}^{nb}, s_{i+2\tau}^{nb}, \cdots, s_{i+(m-1)\tau}^{nb}) \\ &= (s_j, s_{j+\tau}, s_{j+2\tau}, \cdots, s_{j+(m-1)\tau}), \quad j \neq i. \end{aligned}$$

则这两个近邻点间的距离为

$$\begin{aligned} D_m(i) &= \sqrt{||P(i) - P^{nb}(i)||^2} \\ &= \sqrt{\sum_{k=1}^{m}(s_{i+(k-1)\tau} - s_{j+(k-1)\tau})^2}, \end{aligned} \tag{1.6}$$

这里定义距离范数为欧氏空间的距离. 当嵌入维数增加到 $m+1$ 时, 对应的距离由 $D_m(i)$ 变为 $D_{m+1}(i)$,

$$\begin{aligned} D_{m+1}(i) &= \sqrt{\sum_{k=1}^{m+1}(s_{i+(k-1)\tau} - s_{j+(k-1)\tau})^2} \\ &= \sqrt{D_m^2(i) + (s_{i+m\tau} - s_{j+m\tau})^2}. \end{aligned} \tag{1.7}$$

定义嵌入维数变化引起的最近邻点间的距离改变量为

$$\sqrt{D_{m+1}^2(i) - D_m^2(i)} = |s_{i+m\tau} - s_{j+m\tau}| = |s_{i+m\tau} - s_{i+m\tau}^{nb}|.$$

实际计算中, 为了判定伪最近邻点定义了近邻点之间距离的相对变化函数

$$f_1(i, m) = \frac{|s_{i+m\tau} - s_{i+m\tau}^{nb}|}{D_m(i)}, \tag{1.8}$$

$f_1(i, m)$ 描述的是当嵌入维数 m 增加 1 时, 相空间中第 i 个点 P_i 与其最近邻点 P_i^{nb} 之间距离的相对变化. 当相空间完全展开时, 两个邻近点的距离将不再发生变化, 即 $D_{m+1}(i) = D_m(i)$, 也即 $s_{i+m\tau} = s_{i+m\tau}^{nb}$. 考虑到计算过程中的误差精度以及计算机工作量的问题, 一般认为当 $f_1(i, m) < R$ 时 P_i^{nb} 是 P_i 的真实最近邻点, 这里 R 是阈值, 通常 R 取值为 15% [12]. 通过比较公式 (1.8) 与阈值的大小

关系可以确定最近邻点是虚假最近邻点还是真实最近邻点, 之后便可以统计虚假最近邻点所占的百分比.

在求解最佳嵌入维数的过程中, 令嵌入维数 m 从最小值开始逐步增加, 观测虚假最近邻点所占百分比的变化. 对于大多数系统而言, 当 $m = 1$ 时, 虚假最近邻点的百分比等于 100%, 并且随着 m 的增加, 百分比逐渐减小, 直到 m 大于某一数值时百分比降为零, 且以后维持等于零. 此时 m 的临界数值就是最佳嵌入维数.

1.2.4 嵌入维数求解——Cao 方法

伪最近邻点法是求解最佳嵌入维数的有效方法之一. 但是伪最近邻点法的抗噪能力较差, 虚假最近邻点的数目变化对噪声具有敏感性. 对于含噪声的时间序列, 随着嵌入维数的增加伪最近邻点数所占的百分比下降不明显, 这使得伪最近邻点法求解最佳嵌入维数的效率降低. 1997 年, 华裔学者曹良月对伪最近邻点法做出了改进, 提出了求解最佳嵌入维数的 Cao 方法.

对于时间序列 $\{s_1, s_2, s_3, \cdots, s_N\}$, 在 m 维重构相空间中一点 $P_m(i)$ 及其最近邻点 $P_m^{nb}(i)$ 为

$$P_m(i) = (s_i, s_{i+\tau}, s_{i+2\tau}, \cdots, s_{i+(m-1)\tau}),$$

$$P_m^{nb}(i) = (s_i^{nb}, s_{i+\tau}^{nb}, s_{i+2\tau}^{nb}, \cdots, s_{i+(m-1)\tau}^{nb}),$$

这里, $i = 1, 2, 3, \cdots, N - (m-1)\tau$. 当嵌入维数增加到 $m + 1$ 时, 两点变为

$$P_{m+1}(i) = (s_i, s_{i+\tau}, s_{i+2\tau}, \cdots, s_{i+(m-1)\tau}, s_{i+m\tau}),$$

$$P_{m+1}^{nb}(i) = (s_i^{nb}, s_{i+\tau}^{nb}, s_{i+2\tau}^{nb}, \cdots, s_{i+(m-1)\tau}^{nb}, s_{i+m\tau}^{nb}),$$

这里, $i = 1, 2, 3, \cdots, N - m\tau$. 类似伪最近邻点法, 定义函数 $f_2(i, m)$ 刻画嵌入维数 m 的增加对 $P_m(i)$ 点最近邻点距离变化的相对影响:

$$f_2(i, m) = \frac{||P_{m+1}(i) - P_{m+1}^{nb}(i)||}{||P_m(i) - P_m^{nb}(i)||}. \tag{1.9}$$

对相空间中的所有点求平均, 得到嵌入维数增加对最近邻点距离的平均相对影响程度:

$$E(m) = \frac{1}{N - m\tau} \sum_{i=1}^{N-m\tau} f_2(i, m). \tag{1.10}$$

进一步定义 m 维到 $m + 1$ 维的变化为

$$E_1(m) = E(m+1)/E(m). \tag{1.11}$$

对于确定性的时间序列, 理论上当嵌入维数 m 增加到某一个值后, $E_1(m)$ 的值便不再变化, 此时对应的嵌入维数就是重构相空间所需的最佳嵌入维数. 对于随机信号而言, 随着嵌入维数 m 的增加, $E_1(m)$ 原则上永远不会达到饱和值, 然而在实际计算过程中, 如果嵌入维数足够大, 就很难区分 $E_1(m)$ 是缓慢增长还是停止变化. 实际上由于可观测的数据受限, 随机序列可能会出现当嵌入维数 m 大于某个数时, $E_1(m)$ 停止变动. 为了区分确定性信号与随机信号, 定义新的变量为

$$E^*(m) = \frac{1}{N - m\tau} \sum_{i=1}^{N-m\tau} |s_{i+m\tau} - s_{i+m\tau}^{nb}|. \tag{1.12}$$

令

$$E_2(m) = E^*(m+1)/E^*(m). \tag{1.13}$$

由于随机时间序列中, 下一时刻的数据点并不依赖于过去的数据, 所以对于任意嵌入维数 m 都有 $E_2(m) = 1$. 然而对于确定性的时间序列而言, 由于不同时刻的数据点间存在关联, 而且这些相关性会随着嵌入维数的增加而改变, 因此随着嵌入维数的改变, $E_2(m)$ 不会是常数值.

如图 1.5 所示, 当嵌入维数 m 取值超过 10 时, $E_1(m)$ 趋于平稳, $E_2(m)$ 取值在 1 附近振荡, 此时时间序列重构相空间对应的最佳嵌入维数 $m_0 = 10$.

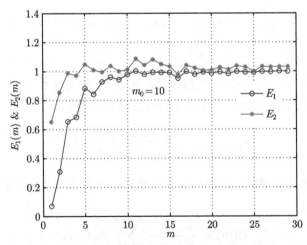

图 1.5   Cao 方法求解最佳嵌入维数. $E_1(m)$ 和 $E_2(m)$ 随嵌入维数 m 增大的变化曲线

1.3 嵌入定理

1.3.1 动力系统等价性

在引入嵌入定理之前, 我们先介绍动力系统的等价性. 两个等价的动力系统不变集的 "相对位置" 以及不变集吸引区域的形状也应该相似, 即一个系统的相图可以经连续变换从另一个系统的相图得到.

定义 1.7 称动力系统 $\{T, \mathbb{R}^n, \varphi^t\}$ 与 $\{T, \mathbb{R}^n, \psi^t\}$ 拓扑等价, 如果存在同胚 $h: \mathbb{R}^n \to \mathbb{R}^n$, 将第一个系统的轨道映为第二个系统的轨道, 且保持时间方向.

同胚是一个可逆映射, 使得映射和逆映射都连续. 举个例子说明这个定义.

例 1.5 动力系统: (a) $\dot{x} = -x$ 与动力系统; (b) $\dot{y} = -3y$ 拓扑等价.

证明 系统 (a) 的解曲线为 $x(t) = e^{-t}$, 系统 (b) 的解曲线为 $y(t) = e^{-3t}$. 则存在同胚映射 $h(x) = x^3$ 将系统 (a) 的轨道映射到系统 (b) 的轨道上, 且保持时间方向. 根据定义有系统 (a) 与系统 (b) 拓扑等价.

对于离散-时间系统

$$x \mapsto f(x), \quad x \in \mathbb{R}^n \tag{1.14}$$

和

$$y \mapsto g(y), \quad y \in \mathbb{R}^n, \tag{1.15}$$

这里 f, g 是光滑可逆映射, 记系统 (1.14) 从一点 x 出发的轨道为

$$\cdots, f^{-1}(x), x, f(x), f^2(x), \cdots,$$

系统 (1.15) 从点 y 出发的轨道为

$$\cdots, g^{-1}(y), y, g(y), g^2(y), \cdots.$$

若从 x 出发的轨道与从 y 出发的轨道由同胚映射 $h: y = h(x)$ 所联系, 那么有如图 1.6 所示的关系图.

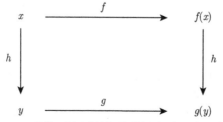

图 1.6 离散-时间系统拓扑等价轨道映射关系图

那么, 对一切 $x \in \mathbb{R}^n$ 有 $g(y) = h(f(x))$, 或者 $g(h(x)) = h(f(x))$, 由于 h 是可逆映射, 故有 $f(x) = h^{-1}(g(h(x)))$, 即

$$f = h^{-1} \circ g \circ h. \tag{1.16}$$

对于同胚映射 h, 称满足公式 (1.16) 的两个映射 f 和 g 共轭. 如果 h 和 h^{-1} 都是 $\mathbb{C}^k$ 连续, 则称映射 f 和 g 为 $\mathbb{C}^k$ 共轭. 对 $k \geqslant 1$, $\mathbb{C}^k$ 共轭映射称为光滑共轭或者微分同胚.

考虑两个拓扑等价的连续-时间动力系统:

$$\dot{x} = f(x), \quad x \in \mathbb{R}^n \tag{1.17}$$

和

$$\dot{y} = g(y), \quad y \in \mathbb{R}^n, \tag{1.18}$$

其中右端函数光滑. 记 φ^t 和 ϕ^t 分别为系统 (1.17) 和系统 (1.18) 对应的流. 假设有光滑可逆映射 h 使得 $y = h(x)$, 由方程 (1.18) 可得

$$\frac{dh(x)}{dx} \dot{x} = g(h(x)),$$

将公式 (1.17) 代入上式, 有

$$\frac{dh(x)}{dx} f(x) = g(h(x)).$$

记 $M(x) = \dfrac{dh(x)}{dx}$ 为 $h(x)$ 在 x 处的雅可比矩阵, 则有

$$f(x) = M^{-1}(x)g(h(x)). \tag{1.19}$$

对微分同胚 h, 称满足方程 (1.19) 的两个连续-时间动力系统 (1.17) 和 (1.18) 微分同胚.

注意, 若存在纯量函数 $\mu = \mu(x) > 0$, 使得对一切 $x \in \mathbb{R}^n$ 有

$$f(x) = \mu(x)g(x),$$

那么称系统 (1.17) 和 (1.18) 轨道等价. 例 1.5 中的系统 (a) 和 (b) 就是轨道等价的. 轨道等价的系统是拓扑等价的, 因为它们具有相同的轨道, 只是轨道上的运动速度不同 (两轨道在点 x 处的速度之比就是 $\mu(x)$). 存在轨道等价的系统而不微分同胚. 例如, 系统

$$\begin{cases} \dot{r} = r(1-r), \\ \dot{\theta} = 1 \end{cases} \tag{1.20}$$

与系统

$$\begin{cases} \dot{\rho} = 2\rho(1-\rho), \\ \dot{\varphi} = 2, \end{cases} \tag{1.21}$$

两者的相空间有相同的闭环, 但是环有不同的周期.

存在拓扑等价的系统既不是轨道等价也不是微分同胚.

考虑平面线性系统

$$\begin{cases} \dot{x_1} = -x_1, \\ \dot{x_2} = -x_2 \end{cases} \tag{1.22}$$

和

$$\begin{cases} \dot{x_1} = -x_1 - x_2, \\ \dot{x_2} = x_1 - x_2. \end{cases} \tag{1.23}$$

在极坐标 (ρ, θ) 下两系统可分别写为

$$\begin{cases} \dot{\rho} = -\rho, \\ \dot{\theta} = 0 \end{cases}$$

和

$$\begin{cases} \dot{\rho} = -\rho, \\ \dot{\theta} = 1. \end{cases}$$

因此, 第一个系统的解为

$$\rho(t) = \rho_0 e^{-t},$$
$$\theta(t) = \theta_0.$$

第二个系统的解为

$$\rho(t) = \rho_0 e^{-t},$$
$$\theta(t) = \theta_0 + t.$$

对这两个系统, 当 $t \to +\infty$ 时 $\rho \to 0$, 所以原点是稳定的平衡点. 系统 (1.22) 的其他轨线都是直线, 而系统 (1.23) 的其他轨线为螺线. 图 1.7 展示了这两个系统的相图. 第一个系统的平衡点是结点, 第二个系统的平衡点是焦点. 对于这两个系统的性态, 第一个系统在原点附近是单调地扰动衰减, 第二个系统是振动地衰减.

这两个系统的轨道是不同的, 显然两系统不是轨道等价. 另外, 第一个系统的特征值 $\lambda_1 = \lambda_2 = -1$, 第二个系统的特征值 $\lambda_1 = -1 + i, \lambda_2 = -1 - i$, 所以两系统不是微分同胚. 然而, 在以原点为中心的单位闭圆盘

$$U = \{(x_1, x_2) : x_1^2 + x_2^2 \leqslant 1\} = \{(\rho, \theta) : \rho \leqslant 1\}$$

内系统 (1.22) 与系统 (1.23) 拓扑等价. 定义在 U 上的同胚映射 h,

$$h : \begin{cases} \rho_1 = \rho_0, \\ \theta_1 = \theta_0 - \ln \rho_0 \end{cases}$$

将系统 (1.22) 上的点 $x = (\rho_0, \theta_0) \neq 0$ 映为系统 (1.23) 上的点 $y = (\rho_1, \theta_1)$.

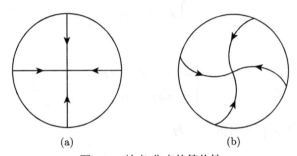

(a)　　　　　　　　　　　　(b)

图 1.7　结点-焦点的等价性

在 U 内取极坐标 $x = (\rho_0, \theta_0) \neq 0$. 如图 1.8, 系统 (1.22) 的轨道从边界上的点 $(1, \theta_0)$ 运动到点 x 的时间为 $\tau(\rho_0) = -\ln(\rho_0)$. 考虑系统 (1.23) 从边界点 $(1, \theta_0)$ 出发的轨道经 $\tau(\rho_0)$ 后到达点 $y = (\rho_1, \theta_1)$.

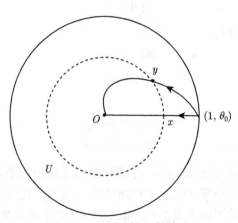

图 1.8　同胚映射 h 的构造

对于 $x = 0$, 令 $h(0) = 0$, 使得 $y = 0$. 此时构造的映射将每一个圆周 $\rho_0 = c$ 旋转一个与 ρ_0 有关的角度, 且将 U 映为它自身. 当 $\rho_0 = 1$ 时, 旋转角度为零, 当 $\rho_0 \to 0$ 时旋转角度递减.

1.3.2 Takens 嵌入定理与广义嵌入定理

下面介绍等距同构与嵌入的定义, 以及 Takens 嵌入定理与广义嵌入定理.

定义 1.8 设 (M, ρ_M), (N, ρ_N) 是两个度量空间, 若存在映射 $\varphi : M \to N$ 满足

(1) φ 是满射;

(2) $\rho_M(x, y) = \rho_N(\varphi(x), \varphi(y)), \forall x, y \in M$,

则称 (M, ρ_M) 与 (N, ρ_N) 是等距同构的.

定义 1.9 如果度量空间 (M_1, ρ_M) 与 (N, ρ_N) 的子空间 (N_1, ρ_N) 是等距同构的, 那么就称 (M_1, ρ_M) 是 (N, ρ_N) 的一个嵌入.

定理 1.4 (Takens 嵌入定理[13,14]) M 是 d 维紧流形, $\varphi : M \to M$, φ 是一个光滑的微分同胚, $y : M \to \mathbb{R}$, y 有二阶连续导数, $\phi(\varphi, y) : M \to \mathbb{R}^{2d+1}$, 其中

$$\phi(\varphi, y) = (y(x), y(\varphi(x)), y(\varphi^2(x)), \cdots, y(\varphi^{2d}(x))), \quad x \in M, \tag{1.24}$$

则 $\phi(\varphi, y)$ 是 M 到 $\mathbb{R}^{2d+1}$ 的一个嵌入.

对于时间序列而言, 获取数据时的观测函数对应着定理 1.4 中的映射 y, 时间序列的延迟坐标函数对应着定理中光滑的微分同胚 φ (微分同胚表示映射 φ 存在唯一的逆映射). 重构相空间 $(s_i, s_{i+\tau}, \cdots, s_{i+2d\tau})$ 就是观测变量对应的系统空间到 $2d + 1$ 维欧氏空间的一个嵌入. 这样在选择合适的时间延迟参数后, 当嵌入维数 $m \geqslant 2d + 1$ 时就可以在拓扑等价的意义下利用重构相空间中轨道的演化规律恢复观测变量所在系统的动力学性质, 即重构相空间中的轨线上原动力系统保持微分同胚. 值得注意的是, 条件 $m \geqslant 2d + 1$ 是动力系统重构的充分不必要条件. M. Z. Ding 等[15] 证明了对于无噪声、无限长的时间序列, 嵌入维数 m 只需要大于关联维数 d 的最小整数即可, 但对于长度有限且含有噪声的时间序列而言, m 要比 d 大得多. 2011 年, E. R. Deyle 等给出了涉及多维观测变量的广义嵌入定理, 证明了存在 d 维紧流形到 $2d + 1$ 维观测函数值空间的嵌入, 使得更多系统变量的相关信息能够被用来刻画系统的动力学演化特征.

定理 1.5 (广义嵌入定理[16]) M 是 d 维紧流形, 观测函数集

$$\{y_k, k = 1, 2, \cdots, 2d + 1\},$$

这里 $y_k : M \to \mathbb{R}$, 且 y_k 至少具有 $\mathbb{C}^2$ 光滑性, 则 $\Phi_{\langle y_k \rangle} : M \to \mathbb{R}^{2d+1}$,

$$\Phi_{\langle y_k \rangle}(x) = (y_1(x), y_2(x), y_3(x), \cdots, y_{2d+1}(x)), \quad x \in M \tag{1.25}$$

是 M 到 $\mathbb{R}^{2d+1}$ 的一个嵌入.

　　本节中的 Takens 嵌入定理和广义嵌入定理为观测变量经过相空间重构来恢复原始系统动力学性质提供了理论支撑, 同时也为第 3 章中的时滞参数化方法奠定了理论基础.

第 2 章　相空间中的几何不变量

考虑时间序列 $\{s_1, s_2, \cdots, s_N\}$, 当确定了时间序列的嵌入维数 m 和时间延迟 τ 后, 可以利用延迟坐标技术重构相空间

$$R = \{\vec{s}_i, \; \vec{s}_{i+\tau}, \; \vec{s}_{i+2\tau}, \cdots, \; \vec{s}_{i+(m-1)\tau}\}, \quad i = 1, \, 2, \cdots, \, N - (m-1)\tau,$$

这里 $N - (m-1)\tau$ 是相空间中点的个数. 对于相空间动力学信息的刻画有分形维数、近似熵、赫斯特 (Hurst) 指数、最大 Lyapunov 指数等几何不变量. 下面我们就对这些不变量的概念以及求解算法进行简单介绍.

2.1　分　形　维　数

对于具有锯齿状演化特征的时间序列, 可以用分形维数来刻画其动力学演化的自相似性质. 计盒维数法是一种常见的、有效的计算分形维数的方法[18,41]. 其主要思路是用尺寸大小为 ε 的方盒子去覆盖整个数据集, 最少需要 $N(\varepsilon)$ 个盒子实现数据集的全覆盖. 改变盒子尺寸 ε, 就会获得相对应的 $N(\varepsilon)$. 对于单位直线而言, 用边长 ε 的盒子实现全覆盖需要的盒子个数为 $N(\varepsilon) = 1/\varepsilon$, 对应直线的盒维数 $D = 1$. 用边长 ε 的盒子去覆盖单位面积的正方形需要的盒子数为 $N(\varepsilon) = 1/\varepsilon^2$, 对应正方形的盒维数 $D = 2$. 类似地, 单位立方体的盒维数 $D = 3$. 如果时间序列演化具有自相似性, 那么 ε 与 $N(\varepsilon)$ 之间就有 $N(\varepsilon) \sim (1/\varepsilon)^D$, 这里 D 就是时间序列信号的分形维数. 通过双对数拟合数组 $\{[\varepsilon, N(\varepsilon)]\}$, 拟合曲线斜率的绝对值就是分形维数 D,

$$D = -\lim_{\varepsilon \to 0} \frac{\ln(N(\varepsilon))}{\ln(\varepsilon)}. \tag{2.1}$$

对于一维的时间序列信号计盒维数的计算, 记 y 是一维信号; cellmax 是方格子的最大边长, 可以取 2 的幂次方 $(1, 2, 4, 8, \cdots)$, 其取值要大于数据长度; D 是信号 y 的计盒维数 (一般情况下 $D \geqslant 1$), 其 MATLAB 计算代码如下:

```
function [D]=fenxing(y)
cellmax=2^18; % 根据实际情况调整
    if cellmax<length(y)
        error('cellmax must be larger than input signal!')
```

```
    end
L=length(y); % 输入样点的个数
y_min=min(y);
y_shift=y-y_min; % 移位操作, 将 y_min 移到坐标原点
x_ord=[0:L-1]./(L-1); xx_ord=[0:cellmax]./(cellmax);
y_interp=interp1(x_ord,y_shift,xx_ord); % 重采样, 使总点数等于 cellmax+1
% 按比例缩放 y, 使最大值为 2^c
ys_max=max(y_interp);
factory=cellmax/ys_max;
yy=abs(y_interp*factory);
t=log2(cellmax)+1;% 迭代次数
for e=1:t
    Ne=0;% 累计覆盖信号的格子的总数
    cellsize=2^(e-1);% 每次的格子大小
    NumSeg(e)=cellmax/cellsize;% 横轴划分成的段数
      for j=1:NumSeg(e) % 计算纵轴跨越的格子数累计 N(e)
        begin=cellsize*(j-1)+1;% 每一段的起始
        tail=cellsize*j+1;% 每一段的结尾
        seg=[begin:tail];% 段坐标
        yy_max=max(yy(seg)); yy_min=min(yy(seg));
        up=ceil(yy_max/cellsize); down=floor(yy_min/cellsize);
        Ns=up-down;% 本段曲线占有的格子数
        Ne=Ne+Ns;% 累加每一段覆盖曲线的格子数
      end
    N(e)=Ne;% 记录每个 e 值下的 N(e)
end
% 对 log_2(N(e)) 和 log_2(k/e) 进行最小二乘的一次曲线拟合, 斜率就是 D
r=-diff(log2(N));% 去掉 r 超过 2 和小于 1 的野点数据
id=find(r≤2 & r≥1); % 保留的数据点
Ne=N(id); e=NumSeg(id);
P=polyfit(log2(e),log2(Ne),1);% 一次曲线拟合返回斜率和截距
D=P(1);
```

对于具有自相似性质的二维或者三维时间序列盒维数的计算, 则需要借助网格剖分的理念. 以二维时间序列信号 (x, y) 的盒维数计算为例, 每次用尺寸为

$$[x_{\text{size}}, y_{\text{size}}] = \left[\frac{\max(x) - \min(x)}{2^{i-1}}, \frac{\max(y) - \min(y)}{2^{i-1}} \right]$$

的网格剖分 xOy 平面, 统计盒子内有落点的盒子数 N. 改变网格剖分精度, 得到一系列的盒子数 $N(i)$, 通过双对数拟合 $\{(2^{i-1}, N(i))\}$ 所得斜率就是二维信号的盒维数 D,

$$D = \lim_{i \to +\infty} \frac{\ln(N(i))}{\ln(2^{i-1})}. \tag{2.2}$$

记 (x, y) 为二维时间序列信号, 运用平面剖分的理念计算二维信号的计盒维数的 MATLAB 代码如下:

```
function [D]=Fractal(x,y)
% 数据预处理, 移位操作
x_min=min(x); y_min=min(y);
x_shift=x-x_min; y_shift=y-y_min;
% 点的分布范围
xx_min=min(x_shift);xx_max=max(x_shift);
yy_min=min(y_shift);yy_max=max(y_shift);
len=xx_max-xx_min;
wid=yy_max-yy_min;
k=6;% 迭代次数
N=zeros(k,1);% 保存盒子数
for i=1:k
        cell(i,1)=2^(i-1);
        xcellsize=len/cell(i,1);
        ycellsize=wid/cell(i,1);
        % 坐标落进网格
        bx=x_shift/xcellsize;% x 坐标落点
        by=y_shift/ycellsize;% y 坐标落点
        bxid=floor(bx)+1;% 点在 x 轴盒子编号左闭右开
        byid=floor(by)+1;% 点在 y 轴盒子编号
        xidm=find(x_shift==xx_max);
        yidm=find(y_shift==yy_max);
        % 边界处理
        cond1=rem(max(x_shift),xcellsize)==0;% rem 函数除后取余
        cond2=rem(max(y_shift),ycellsize)==0;
```

```
    if cond1==1
        bxid(xidm)=bxid(xidm)-1;
    end
    if cond2==1
        byid(yidm)=byid(yidm)-1;
    end
% 统计被侵占盒子数
    A=[bxid,byid];
    [C,IA,IC]=unique(A,'rows','stable'); %xOy 面中被侵占盒子坐标 C=A(IA,:)
    Ne=size(C,1);
    N(i)=Ne;
end
% 最小二乘拟合
P=polyfit(log2(cell),log2(N),1);
D=P(1)
```

2.2　多重分形谱

　　盒维数法是测定不规则分形的简单分维的有效方法. 但是该方法有其缺陷, 在计算过程中只考虑盒子内有无像素而没有考虑盒子内像素的多少, 这样必然失去了原图像的很多信息. 多重分形则考虑了盒子内像素和其他量的差别, 归一化后得到一个概率分布的集, 用一个多重分形谱进行描述, 这样计算出的结果包含了单分形所忽略的分布上的不均匀性. 多重分形也称为多标度分形、复分形, 是定义在分形结构上的由无穷多个标度指数所组成的一个集合, 它刻画了分布在子集上的局部标度性, 是对分形维数的推广. 多重分形也可以分为规则多重分形和不规则多重分形, 规则多重分形可以用解析方法或者统计物理的方法得到多重分形谱, 比如在经典的康托尔集上赋予质量而生成不规则的集合, 这种集合具有典型的多重分形特性. 而不规则多重分形只能通过统计物理的方法计算[56]. 下面我们给出一维时间序列多重分形谱的计算思路.

　　记时间序列为 $\{s(1),s(2),\cdots,s(N)\}$, 它可以被时间尺度 (Δt) 划分成 $K = K(\Delta t)$ 个区间, 每个区间包含 n 个点. 定义第 i 个区间的概率测度为

$$p_i(\Delta t) = \frac{\sum\limits_{k=1}^{n} s((i-1)n+k)}{\sum\limits_{j=1}^{N} s(j)},$$

关于时间尺度 Δt 满足

$$p_i(\Delta t) \sim \Delta t^{\alpha},$$

这里 α 是奇异强度指数. 当 i 取不同值时, 可以得到一系列 α 值. 定义多重分形谱宽度为

$$\Delta \alpha = \alpha_{\max} - \alpha_{\min}.$$

它反映了整个分形结构的概率分布的不均匀程度. 如果 $\Delta \alpha$ 为零或者接近于零, 概率分布的一致性表明单分形的存在. 相反地, 如果 $\Delta \alpha$ 相对来说很大, 不均匀性蕴含着存在较明显的多重分形.

多重分形谱可以通过配分函数法求得[57]. 定义 $N_\alpha(\Delta t)$ 是奇异强度为 α 的时间间隔 (Δt) 的数目, 那么 $N_\alpha(\Delta t)$ 与 Δt 满足

$$N_\alpha(\Delta t) \sim \Delta t^{-f(\alpha)}, \tag{2.3}$$

这里 $f(\alpha)$ 是奇异谱. 它反映了奇异强度为 α 的子集合的维数.

定义配分函数

$$\chi_q(\Delta t) = \sum_i^q p_i^q, \tag{2.4}$$

这里 q 是质量指数, 则存在下面的标度关系:

$$\chi_q(\Delta t) \sim \Delta t^{\tau(q)}, \tag{2.5}$$

这里 $\tau(q)$ 为标度指数.

如果 $\ln(\chi_q(\Delta t))$ 与 $\ln(\Delta t)$ 之间存在很好的线性关系, 则说明信号有多重分形特征. $\ln(\chi_q(\Delta t)) \sim \ln(\Delta t)$ 拟合的斜率为 $\tau(q)$. 对 $\tau(q)$ 利用勒让德变换 (公式 (2.6)) 可以计算出多重分形谱 $f(\alpha)$.

$$\begin{cases} \alpha(q) = \dfrac{d\tau(q)}{dq}, \\ f(\alpha) = q * \alpha(q) - \tau(q). \end{cases} \tag{2.6}$$

配分函数法求解一维时间序列的多重分形谱代码如下 (Xq 表示配分函数, Tq 是标度指数, aq 是奇异强度, fq 是奇异谱):

```
clear all;
close all;
load data;
v=data;
```

```
C=sum(v);
nn=size(v);
a=length(v);
s=0;
% 求 kk=[1/a,2/a...1/2,1]
kk=[];
kkk=1/a;
while kkk<=1
        kk=[kk,kkk];
        kkk=kkk*2;
end
for q=-6:1:6
          logT=[];
          logXq=[];
          for n=1:1:length(kk)
           yit=kk(n);
           T=a*yit;
           P=[];X=[];
            for i=1:1:1/yit
              c=v((1+(i-1)*T):(i*T));
              P(i)=sum(c)/C;
              X(i)=(P(i))^q;
             end
           Xq=sum(X); % 配分函数
           logXq=[logXq,log(Xq)]; % MATLAB 中 log 运算默认以 e 为底
           logT=[logT,log(T)];
          end
s=s+1;
plot(logT,logXq,'v-');
xlabel('log(\Delta t)'); ylabel('Log(\chi_q)')
hold on
b=polyfit(logT,logXq,1); % 在对数尺度下计算斜率
Tq(s,1)=b(1,1);
end

q=-6:1:6;
q=q';
aq=diff(Tq)./diff(q);
fq=aq.*q(1:end-1)-Tq(1:end-1);
figure(2)
```

```
plot(q,Tq,'x-');
xlabel('q'); ylabel('τ(q)')
figure(3)
plot(aq,fq,'o-');
xlabel('α'); ylabel('f(α)')
```

图 2.1 展示了多重分形谱计算的结果示意图.

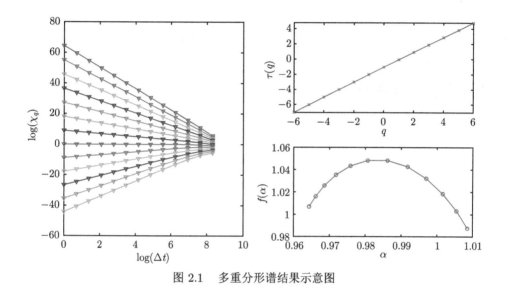

图 2.1 多重分形谱结果示意图

2.3 近 似 熵

对于复杂信号系统, 我们往往很难建立并求解描述该信号演化的动力学模型. 因此应用某些统计学指标来揭示系统隐含的信息十分必要. 信息理论中一个重要的概念是熵, 它反映系统的复杂度. 通过计算信息熵可以准确地反映系统动力学演化过程的混乱度. 下面我们给出近似熵的计算方法[20].

给定时间序列 $\{s(1), s(2), \cdots, s(N)\}$, 将其重构到 m 维相空间中. 相空间中的点是 m 维向量,

$$\vec{x}(i) = (s(i), s(i+1), s(i+2), \cdots, s(i+m-1)), \quad i = 1, 2, \cdots, N-m+1.$$

相点 $\vec{x}(i)$ 与 $\vec{x}(j)$ 之间的距离定义为

$$d(\vec{x}(i), \vec{x}(j)) = \max \|\vec{x}(i) - \vec{x}(j)\|.$$

对于相点 $\vec{x}(i)$, 记满足 $d(\vec{x}(i), \vec{x}(j)) < r$ 的相点 $\vec{x}(j)$ 的个数为 $N(i)$. 这里 r 一般取值为 $r = 0.2 * \delta$, δ 为序列 $\{s(i)\}$ 的标准差. 定义关联积分为

$$\mathrm{C}_i^m(r) = \frac{N(i)}{N - m + 1}. \tag{2.7}$$

系统的平均相关性程度可以用

$$\Phi^m = \frac{1}{N - m + 1} \sum_{i=1}^{N-m+1} \ln \mathrm{C}_i^m$$

刻画. 系统的近似熵就定义为

$$\mathrm{ApEn} = \Phi^m - \Phi^{m+1}. \tag{2.8}$$

近似熵的 MATLAB 计算代码如下:

```
clear;clc;
load data
y=data;
dim=8; % 嵌入维数
tau=3; % 时间延迟
r=0.2;
R=r*std(y,1);
Em=B(y,R,dim,tau)-B(y,R,dim+1,tau);
%%%%%%%%%%%%%%%%%%%%%%%%
function Phi=B(y,R,dim,tau)
L=length(y);
% 重构相空间
for i=1:dim
        Y(i,:)=y((1+(i-1)*tau):(L-(dim-i)*tau));
end
% 求距离
S=size(Y);
d=zeros(S(1),S(2));
Z1=ones(S(1),S(2));
for j=1:S(2)
```

```
for i=1:dim
Z(i,:)=Y(i,j)*Z1(i,:);% Z 的所有列都等于 Y 的第 j 列
end
D1=Y-Z;
D=abs(D1);
d(j,:)=max(D,[],1);% 取每列最大值，第 j 行是 Y 中到第 j 个点的距离
end
for j=1:S(2)
C(j)=length(find((d(j,:)<R)))./(L-(dim+1)*tau); % 关联函数
if C(j) =0
E(j)=log(C(j));
else
E(j)=0;
end
end
Phi=sum(E)/(L-(dim+1)*tau);
```

2.4　赫斯特指数

考虑到某些实验获取的时间序列会受到趋势产生的非平稳性影响, 对数据进行去趋势然后再分析系统内在的波动是十分必要的. 对于时间序列长程尺度行为的分析, Peng 等首先提出了去趋势波动分析方法 (DFA)[58]. 这一方法可以有效地衡量非平稳时间序列的长程记忆相关性, 计算出反映时间序列关联性的赫斯特指数. 去趋势的波动分析法已经广泛应用于很多领域, 包括心率波动研究[58-62]、金融时间序列[63-67]、网络流量[68] 等方面的研究. 时间序列的赫斯特指数能够刻画时间序列演化的长程记忆依赖性, 即时间序列未来的演化趋势是否与过去的演化趋势保持一致. 赫斯特指数 (H) 一般取值为 $0 < H < 1$.

当 $0.5 < H < 1$ 时, 时间序列是正相关的, 是一个持续的过程, 时间序列保持原来的趋势发展. 当 H 越接近于 1 时, 正相关性越强.

当 $0 < H < 0.5$ 时, 时间序列是负相关的, 是一个反持续的过程, 时间序列未来的发展趋势与过去的趋势相反. 即时间序列演化产生了波动.

当 $H = 0.5$ 时, 时间序列是随机信号.

例如一个表征股票走势的时间序列, 如果 $0.5 < H < 1$, 则说明该时间序列为正相关的, 意味着股票会按着原来的走势继续演化; 而当 $0 < H < 0.5$ 时, 则说明该时间序列为负相关的, 表明股票会沿着与过去演化趋势相反的方向发展.

对于时间序列 $\{s(1), s(2), \cdots, s(N)\}$, 去趋势波动分析的步骤如下[69-71].

步骤 (1): 将时间序列 $\{s(i), i = 1, 2, \cdots, N\}$ 划分成 $N_q = N/q$ 个区间, 每个区间内包含 q 个元素.

步骤 (2): 在第 k 个区间内, 记原时间序列为 $\{s_k(j), j = 1, 2, \cdots, q\}$, 去均值后的累计偏差记为

$$\left\{x_k(j) = \sum_{i=1}^{j}(s_k(i) - \bar{s}), j = 1, 2, \cdots, q\right\},$$

这里均值 $\bar{s} = \sum_{j=1}^{q} s_k(j)$.

步骤 (3): 利用一次函数 (或者高阶非线性函数) 拟合 $x_k(j)$, 得到的线性函数 (非线性函数) 即为局部趋势函数 $\{\hat{x}_k(j), j = 1, 2, \cdots, q\}$.

步骤 (4): 对于第 k 个区间, 去掉趋势得到新的序列

$$\{x_k(j) - \hat{x}_k(j), j = 1, 2, \cdots, q\},$$

该序列的均方差为

$$F^2(k) = \frac{1}{q}\sum_{j=1}^{q}(x_k(j) - \hat{x}_k(j))^2.$$

步骤 (5): 对所有 N_q 个区间, $F^2(k)$ 的均方根为

$$F_q = \sqrt{\frac{1}{N_q}\sum_{k=1}^{N_q}F^2(k)}.$$

步骤 (6): 改变区间长度 q, 重复上述过程可以得到一系列的 F_q. q 与 F_q 满足

$$F_q \sim q^H,$$

这里 H 就是时间序列经去趋势分析后得到的赫斯特指数, 是一个表征时间序列长程记忆依赖的参数.

以锯齿状演化的应力时间序列信号为例, 图 2.2 展示了当 $q = 100$ 时对时间序列去趋势的过程. 图 2.2(a) 中采用了一次函数去趋势, 图 2.2(b) 中采用了二次函数去趋势. 图 2.3 给出了相应 DFA-1 求解的赫斯特指数 $H = 0.79$. 表明时间序列未来的演化与过去的趋势是正相关的, 系统将继续沿着趋势发展下去.

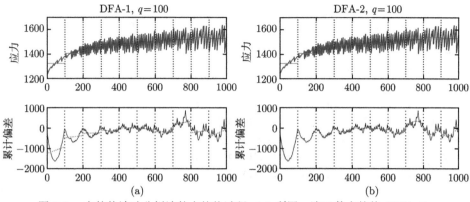

图 2.2 去趋势波动分析法的去趋势过程. (a) 利用一次函数去趋势 (DFA-1);
(b) 利用二次函数去趋势 (DFA-2)

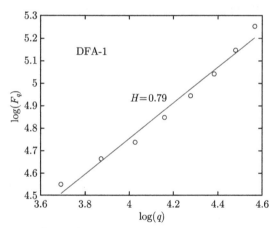

图 2.3 去趋势波动分析法利用一次函数去趋势 (DFA-1) 求解的赫斯特指数

去趋势波动分析法计算赫斯特指数代码如下:

```
clc;clear;
load data
%%%%%%%%%%%%%%%%%%%%%%%%%%%%%%%%%%%
q=40:8:100; len=length(q);
F_q=[];
for i=1:len
        F_q(i)=DFA(data,q(i),1);% 调用函数
end
x=log(q);y=log(F_q);
p=polyfit(log(q),log(F_q),1);
```

```
f=polyval(p,x);% 拟合后的 y 值
H=p(1);% 赫斯特指数
figure(1)
plot(x,y,'ko','LineWidth',1);
hold on
plot(x,f,'b-','LineWidth',1);
xlabel('log(q)','FontSize',12,'FontWeight','bold')
ylabel('log(F_q)','FontSize',12,'FontWeight','bold')
set(gca,'FontSize',12,'FontWeight','bold','LineWidth',1)
%%%%%%%%%%%%%%%%%%%%%%%%%%%%%%%%%%%%%%%%%
function F_n=DFA(DATA,n,order)
N=length(DATA); % 数据总长度
K=floor(N/n); % 总段数
N1=n*K; % 分割后数据总长度
x=DATA(1:N1,1); Xn=zeros(N1,1);
fitcoef=zeros(K,order+1); % 每段拟合系数
for j=1:K
        m(j)=sum(x((j-1)*n+1:j*n))/n;
        Xn((j-1)*n+1:j*n,1)=x((j-1)*n+1:j*n,1)-m(j)*ones(n,1);
        y((j-1)*n+1)=Xn((j-1)*n+1,1);
        for i=2:n
          y((j-1)*n+i)=y((j-1)*n+i-1)+Xn((j-1)*n+i);% 累计偏差
        end
        fitcoef(j,:)=polyfit(1:n,y(((j-1)*n+1):j*n),order); % 每段线性拟合系数
        Yn(((j-1)*n+1):j*n)=polyval(fitcoef(j,:),1:n); % 每段线性拟合数值
end
sum1=sum((y-Yn).*(y-Yn))/N1;
sum1=sqrt(sum1);
F_n=sum1;
```

　　另外, 我们也给出了计算赫斯特指数的重标极差 (R/S) 算法[72]. 基于重标极差 (R/S) 分析方法基础上的赫斯特指数 (H) 是由英国水文专家赫斯特在研究尼罗河水库水流量和储存能力的关系时提出的. 他发现用有偏的随机游走 (分形布朗运动) 能够更好地描述水库的长期存储能力, 并在此基础上提出了用重标极差 (R/S) 分析方法来建立赫斯特指数, 作为判断时间序列数据遵从随机游走还是有偏的随机游走过程的指标.

　　计算步骤: 对于时间序列 $\{s(1), s(2), \cdots, s(n)\}$.

　　步骤 (1): 将时间序列 $\{s(i), i = 1, 2, \cdots, N\}$ 划分成 $N_q = N/q$ 个区间, 每个区间内包含 q 个元素.

步骤 (2): 在第 k 个区间内, 记原时间序列为 $\{s_k(j), j = 1, 2, \cdots, q\}$, 去均值后的累计偏差记为

$$\left\{ x_k(j) = \sum_{i=1}^{j} (s_k(i) - \bar{s}), j = 1, 2, \cdots, q \right\},$$

这里均值 $\bar{s} = \sum_{j=1}^{q} s_k(j)$. 定义 k 区间的标准差为

$$Sn_k = \sqrt{\frac{\sum_{i=1}^{q} (s_k(i) - \bar{s})^2}{q}},$$

极差为

$$R_k = \max(x_k(j)) - \min(x_k(j)), \quad j = 1, 2, \cdots, q.$$

步骤 (3): 对于整个划分, 定义

$$RS(q) = \frac{1}{N_q} \sum_{k=1}^{N_q} \frac{R_k}{Sn_k}.$$

步骤 (4): 改变区间长度 q, 重复上述过程得到一系列的 $RS(q)$, 满足 $RS(q) \sim q^H$, 这里 H 就是时间序列经重标极差法求得的赫斯特指数.

对应的 MATLAB 代码如下:

```
clc;clear;
load data;
q=40:8:100;
len=length(q);
Rs=[];
    for i=1:len
        Rs(i,1)=Rescal(data,q(i));
    end
q=q';
p=polyfit(log(q),log(Rs),1); % 线性拟合
f=polyval(p,log(q));% 拟合后的 y 值
H=p(1);% 赫斯特指数
x=log(q);y=log(Rs);
figure(1)
plot(x,y,'ko','LineWidth',1);
hold on
plot(x,f,'b-','LineWidth',1)
```

```
xlabel('log(n)','FontSize',12,'FontWeight','bold')
ylabel('log(R/S)','FontSize',12,'FontWeight','bold')
set(gca,'FontSize',12,'FontWeight','bold','LineWidth',1)
%%%%%%%%%%%%%%%%%%%%%%%%%%%%%%%%%%%%%%%%
function RS=Rescal(data,n)
N=length(data);% data 是列向量
K=floor(N/n);% 共分 K 段, 每段 n 个元素
N1=K*n;
y=data(1:N1,1);
Yn=zeros(N1,1);Zn=zeros(n,1);
for j=1:K
        m(j)=sum(y((j-1)*n+1:j*n))/n;
        Yn((j-1)*n+1:j*n,1)=y((j-1)*n+1:j*n,1)-m(j)*ones(n,1);
        Sn(j)=sqrt(sum(Yn((j-1)*n+1:j*n,1)^2)/n);
        Zn(1,1)=Yn((j-1)*n+1,1);
        for i=2:n
            Zn(i,1)=Zn(i-1)+Yn((j-1)*n+i);% 累计偏差
        end
        Rn(j)=max(Zn)-min(Zn);% 极差
        R_S(j)=Rn(j)/Sn(j);
end
    RS=sum(R_S)/K;
```

以锯齿状演化的时间序列为例, 图 2.4 给出了重标极差法求解赫斯特指数过程. 子图 (a) 显示了当 $q = 100$ 时每一个分割区间去均值后的累计偏差与极差, 子图 (b) 是利用重标极差法求解的赫斯特指数.

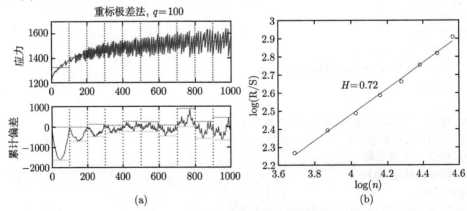

(a)　　　　　　　　　　　　(b)

图 2.4　重标极差法求解赫斯特指数

2.5 最大 Lyapunov 指数

对于一维离散映射,

$$x_{n+1} = F(x_n), \tag{2.9}$$

给定初始两点, 分别进行迭代, 这两点演化的轨道是相互分离还是靠拢取决于光滑函数 F 在 x 处的导数 dF/dx.

当 $\dfrac{dF}{dx} < 1$ 时, 两轨道逐渐靠拢;

当 $\dfrac{dF}{dx} > 1$ 时, 两轨道相互分离.

多次迭代后, 对时间 (迭代次数) 求平均来分析两个相邻初始点的整体演化情况. 设平均每次迭代引起的轨道指数性分离的程度指标值为 λ. 记两个初始点的距离为 ε, 经过 n 次迭代后二者之间的距离演变为

$$\varepsilon e^{n\lambda(x_0)} = F^n(x_0 + \varepsilon) - F^n(x_0).$$

当 $\varepsilon \to 0, n \to +\infty$ 时, 有

$$\begin{aligned}
\lambda(x_0) &= \lim_{\varepsilon \to 0} \lim_{n \to +\infty} \frac{1}{n} \ln \frac{F^n(x_0 + \varepsilon) - F^n(x_0)}{\varepsilon} \\
&= \lim_{n \to +\infty} \frac{1}{n} \ln \left| \frac{dF^n(x)}{dx} \right|_{x=x_0} \\
&= \lim_{n \to +\infty} \frac{1}{n} \sum_{i=0}^{n} \ln \left| \frac{dF}{dx} \right|_{x=x_0},
\end{aligned} \tag{2.10}$$

去参数化后, 则有

$$\lambda = \lim_{n \to +\infty} \frac{1}{n} \sum_{i=0}^{n} \ln \left| \frac{dF}{dx} \right|, \tag{2.11}$$

这里 λ 为 Lyapunov 指数, 表示多次迭代中平均每次迭代所引起的指数分离中的指数.

当 $\lambda < 0$ 时, 两个相邻点会随着时间的演化逐渐靠拢, 达到稳定的不动点;

当 $\lambda = 0$ 时, 两个相邻点会随着时间的演化距离不变, 对应于周期运动;

当 $\lambda > 0$ 时, 两个相邻点会随着时间的演化互相分离, 也就是混沌运动.

对于确定的动力系统而言, 系统的 Lyapunov 指数谱可以通过数值迭代求出, 其基本思路是通过求解常微分方程系统的近似解, 然后对系统的雅可比矩阵

进行 QR 分解, 进而求出系统的 Lyapunov 指数谱[75]. 考虑时间序列重构相空间中轨道的演化, 相空间初始两点的距离演化有

$$L_0 \to L'_0, L_1 \to L'_1, L_2 \to L'_2, \cdots.$$

利用最小二乘法构造矩阵 A_0 建立 L_0 到 L'_0 的映射

$$L'_0 = A_0 L_0,$$

随时间的演化, 可以得到一系列的矩阵 A_i 使得

$$L'_i = A_i L_i, \quad i = 0, 1, 2, \cdots, p.$$

对矩阵 A_i 进行 QR 分解, $A_i = Q_i R_i$, 可以得到 Lyapunov 指数谱

$$\lambda_k = \frac{1}{t_p - t_0} \sum_{i=0}^{p} \ln(R(i)_{kk}), \tag{2.12}$$

这里 $k = 1, 2, \cdots, m$.

　　一般在验证混沌时间序列时只需要计算最大 Lyapunov 指数就可以了, 只要最大 Lyapunov 指数大于零就能说明系统是混沌的. 对于一维时间序列的最大 Lyapunov 指数, 首先把时间序列重构到高维相空间中. 重构相空间中两个相邻轨道随着时间的演化是相互靠近还是远离, 反映了轨道演化的收敛还是发散. 对于混沌时间序列, 由于混沌具有对初始值的敏感性 (蝴蝶效应), 初值微小的差别被放大, 相邻两点的轨道随着时间的演化是分离的. 为了描述轨道的稳定性, 使用轨道的分离速率来反映稳定与否以及混沌效应的强弱, 这就要用到时间序列的最大 Lyapunov 指数. Wolf 等通过相轨线的演化来估计 Lyapunov 指数[21], 在混沌时间序列的判定中具有广泛应用[37,38,41].

　　记观测的一维时间序列信号为 $\{x_1, x_2, \cdots, x_N\}$, 通过延迟坐标嵌入到 m 维相空间中的点坐标为

$$Y(t) = (x_t, x_{t+\tau}, x_{t+2\tau}, \cdots, x_{t+(m-1)\tau}), \quad t = 1, 2, \cdots, N - (m-1)\tau,$$

其中 τ 是时间延迟, m 是嵌入维数. 取相空间中一初始点 $Y(t_0)$ 和它的最近邻点 $Y_0(t_0)$, 定义它们的距离为

$$L_0 = |Y(t_0) - Y_0(t_0)|.$$

在 t_1 时刻, 这两个初始点沿着轨道分别演化至 $Y(t_1)$ 和 $Y_0(t_1)$, 此时对应的距离 L_0 演变成了

$$L'_0 = |Y(t_1) - Y_0(t_1)|.$$

随着轨道的演化 $Y_0(t_1)$ 点可能已经不是 $Y(t_1)$ 的最近邻点了, 那么我们需要重新选取点 $Y(t_1)$ 的最近邻点 $Y_1(t_1)$, 此时的最近邻距离变为

$$L_1 = |Y(t_1) - Y_1(t_1)|.$$

在选取 $Y(t_1)$ 最近邻点时, 我们设置 L_0' 与 L_1 之间的夹角尽可能小以避免对轨道演化产生较大的影响. 重复上述过程, 直到时间 t_i 演化到有限相空间中的最后一点. 假设上述过程演化最终至时间 t_{K+1}, 我们可以获得

$$\begin{aligned} L_i &= |Y(t_i) - Y_i(t_i)|, \\ L_i' &= |Y(t_{i+1}) - Y_i(t_{i+1})|, \end{aligned} \qquad i = 0, 1, 2, \cdots, K. \tag{2.13}$$

最大 Lyapunov 指数就定义为

$$\lambda = \frac{1}{t_K - t_0} \sum_{i=0}^{K} \ln \frac{L_i'}{L_i}. \tag{2.14}$$

如图 2.5, 给出了 Wolf 方法求解最大 Lyapunov 指数的示意图.

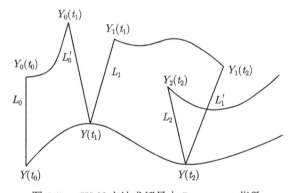

图 2.5　Wolf 方法求解最大 Lyapunov 指数

考虑到 Wolf 方法在计算中需要大量的数据, Rosenstein 和 Kantz 在 Wolf 方法的基础上提出了小数据量法[3,73]. 对于数据量很少的情况, 通过小数据量法计算最大 Lyapunov 指数就可以判断时间序列是否为混沌时间序列. 其基本步骤如下所示:

在重构相空间中, 对于第 j 个相点 $Y_j(t_0)$, 其最邻近点为 $Y_{j'}(t_0)$, 二者之间的距离记为 $d_j(0)$,

$$d_j(0) = \min \|Y_j(t_0) - Y_{j'}(t_0)\|, \quad |j - j'| > p,$$

这里 p 是时间序列的平均时间间隔 (根据轨道的平均发散速率估计得出). Sato 等推导出最大 Lyapunov 指数可以表示为[74]

$$\lambda_1(i) = \frac{1}{i\Delta t}\frac{1}{M-i}\sum_{j=1}^{M-i}\ln\frac{d_j(i)}{d_j(0)}, \tag{2.15}$$

这里, Δt 是样本采样时间, $d_j(i)$ 为第 j 对近邻点经过 i 个时间间隔后的距离, M 是相空间中点的个数. 事实上, 公式 (2.15) 也可以改变为

$$\lambda_1(i,k) = \frac{1}{k\Delta t}\frac{1}{M-k}\sum_{j=1}^{M-k}\ln\frac{d_j(i+k)}{d_j(i)}. \tag{2.16}$$

公式 (2.16) 反映了第 j 对近邻点从第 i 个时间间隔到第 $i+k$ 个时间间隔轨道演化的平均发散速率.

最大 Lyapunov 指数的几何意义是初始轨道指数演化的发散速率. 也就是

$$d(t) = Ce^{\lambda_1 t}.$$

对于离散情形而言,

$$d_j(i) \approx C_j e^{\lambda_1(i\cdot\Delta t)}, \tag{2.17}$$

这里 $C_j = d_j(0)$ 是轨道之间的初始距离. 对公式 (2.17) 两端取对数得

$$\ln(d_j(i)) \approx \ln(C_j) + \lambda_1(i\cdot\Delta t), \quad j = 1,2,\cdots,M.$$

那么最大 Lyapunov 指数 $\lambda_1(i)$ 可以利用最小二乘法求得

$$\lambda_1(i) = \frac{1}{i\cdot\Delta t}\langle\ln(d_j(i))\rangle, \tag{2.18}$$

$\langle\cdot\rangle$ 表示对 j 求平均.

对于一维时间序列, 当确定嵌入维数 m 和时间延迟 τ 后, 重构相空间轨道演化的最大 Lyapunov 指数求解的 Wolf 方法计算代码如下:

```
function [lambda_1]=Ly(x,m,tau)
data=[x];
N=length(data);% N: 时间序列长度
P=1;
% P: 时间序列的平均周期, 选择演化相点距当前点的位置差, 即若当前相点为 I, 则演化相
点只能在 |I-J|>P 的相点中搜寻
min_point=1; % 要求最少搜索到的点数
MAX_CISHU=5; % 最大增加搜索范围次数
```

```
% 求最大、最小和平均相点距离
max_d=0; % 最大相点距离
min_d=1.0e+100; % 最小相点距离
avg_dd=0;
M=N-(m-1)*tau; % 相空间中点的个数
for j=1:M % 相空间重构
    for i=1:m
       Y(i,j)=data((i-1)*tau+j);
    end
end

for i=1:(M-1)
    for j=i+1:M
       d=0;
          for k=1:m
             d=d+(Y(k,i)-Y(k,j))*(Y(k,i)-Y(k,j));
          end
       d=sqrt(d);
          if max_d<d
             max_d=d;
          end
          if min_d>d
             min_d=d;
          end
       avg_dd=avg_dd+d;
    end
end
avg_d=2*avg_dd/(M*(M-1)); % 平均相点距离
dlt_eps=(avg_d-min_d)*0.02;
% 若在 min_eps~max_eps 中找不到演化相点时, 对 max_eps 放宽幅度
min_eps=min_d+dlt_eps/2; % 演化相点与当前相点距离的最小限
max_eps=min_d+2*dlt_eps; % 演化相点与当前相点距离的最大限
% 从 P+1~M-1 个相点中找与第一个相点最近的相点位置 (Loc_DK) 及其最短距离 DK
DK=1.0e+100; % 第 i 个相点到其最近距离点的距离
Loc_DK=2; % 第 i 个相点对应的最近距离点的下标
for i=(P+1):( M-1) % 限制短暂分离, 从点 P+1 开始搜索
    d=0;
      for k=1:m
         d=d+(Y(k,i)-Y(k,1))*(Y(k,i)-Y(k,1));
      end
    d=sqrt(d);
```

```
            if (d<DK)&(d>min_eps)
              DK=d;
              Loc_DK=i;
            end
end

% 以下计算各相点对应的 Lyapunov 指数保存到 lmd() 数组中
% i 为相点序号, 从 1 到 (M-1), 也是 i-1 点的演化点
% Loc_DK 为相点 i-1 对应最短距离的相点位置, DK 为其对应的最短距离
% Loc_DK+1 为 Loc_DK 的演化点, DK1 为 i 点到 Loc_DK+1 点的距离, 称为演化距离
% 前 i 个 log2 (DK1/DK) 的累计和用于求 i 点的 lambda 值
sum_lmd=0; % 存放前 i 个 log2 (DK1/DK) 的累计和
for i=2:(M-1) % 计算演化距离
      DK1=0;
        for k=1:m
            DK1=DK1+(Y(k,i)-Y(k,Loc_DK+1))*(Y(k,i)-Y(k,Loc_DK+1));
        end
      DK1=sqrt(DK1);
      old_Loc_DK=Loc_DK ; % 保存原最近位置相点
      old_DK=DK;
% 计算前 i 个log2 (DK1/DK) 的累计和以及保存 i 点的 Lyapunov 指数
      if (DK1 =0)&(DK =0)
          sum_lmd =sum_lmd+log(DK1/DK)/log(2);
      end
      lmd(i-1)=sum_lmd/(i-1);
% 以下寻找 i 点的最短距离: 要求距离在指定距离范围内尽量短, 与 DK1 的角度最小
point_num=0; % 在指定距离范围内找到的候选点的个数
cos_sita=0; % 夹角余弦的比较初值, 要求一定是锐角
zjfwcs=0; % 增加范围次数
while (point_num==0)
% 搜索相点
      for j=1:(M-1)
        if abs(j-i)<=(P-1) % 候选点距当前点太近, 跳过!
            continue;
        end
% 计算候选点与当前点的距离
dnew=0;
      for k=1:m
        dnew=dnew+(Y(k,i)-Y(k,j))*(Y(k,i)-Y(k,j));
      end
dnew=sqrt(dnew);
```

```
        if (dnew< min_eps)|(dnew>max_eps ) % 不在距离范围，跳过！
          continue;
        end

% 计算夹角余弦及比较
DOT=0;
        for k=1:m
          DOT=DOT+(Y(k,i)-Y(k,j))*(Y(k,i)-Y(k,old_Loc_DK+1));
        end
CTH=DOT/(dnew*DK1);
        if acos(CTH)>(3.14151926/4) % 不是小于 45° 的角，跳过！
          continue;
        end
        if CTH>cos_sita % 新夹角小于过去已找到的相点的夹角，保留
          cos_sita=CTH;
          Loc_DK=j;
          DK=dnew;
        end
        point_num=point_num +1;
end
     if point_num<=min_point
       max_eps=max_eps+dlt_eps;
       zjfwcs=zjfwcs+1;
         if zjfwcs>MAX_CISHU % 超过最大放宽次数，改找最近的点
           DK=1.0e+100;
           for ii=1:(M-1)
             if abs(i-ii)<=(P-1) % 候选点距当前点太近，跳过！
               continue;
             end
     d=0;
       for k=1:m
         d=d+(Y(k,i)-Y(k,ii))*(Y(k,i)-Y(k,ii));
       end
     d=sqrt(d);
     if (d<DK)&(d>min_eps)
       DK=d;
       Loc_DK=ii;
     end
end
break;
end
```

```
point_num=0 ; % 扩大距离范围后重新搜索
cos_sita=0;
end
end
end
% 取平均得到最大 Lyapunov 指数
lambda_1=sum(lmd)/length(lmd);
```

第 3 章　动力学演化的预测机制

在不同的学科领域, 利用观测变量预测复杂系统的未来发展趋势是一项非常重要且经典的科学问题. 时间序列的预测能够直接并且直观地应用到实际应用问题中, 比如温度的预测[76]、地震的预测[77]、风速的预测[78-80]、电力荷载的预测[81]、农产品产量估计[82]、农作物价格的预测[83]、交通流的预测[84]、流感类疾病暴发的预测[85,86]、股票预测[87,88]、服务质量估计[89,90] 等. 时间序列的可预测性通常被认为源自于系统的输出信号中所隐含的复杂信息, 也就是说, 时间序列中隐含的线性或者非线性以及统计学特征为时间序列未来发展情况的预测提供了必要信息. 那么, 接下来具有挑战性的任务就是如何根据时间序列对数据集进行准确的预测[91]. 在过去的几十年里, 学者们基于上述来源提出了许多先进的预测方法.

在 1987 年, Farmer 等在预测单变量混沌时间序列方面做了开创性的工作[92]. 其主要思路是通过利用延迟坐标技术将时间序列 $\{x(t)\}$ 重构到状态空间中 $X(t) = (x(t), x(t-\tau), x(t-2\tau), \cdots)$, 这里 τ 是时间延迟. 然后利用状态空间中演化轨道上的全局或者局部近邻点信息来寻找并优化求解预测器 $f_T : X(t+T) = f_T(X(t))$. 后来, Sugihara 和 May[93] 固定了求解预测器时使用的近邻点个数, 定义了一个单纯形投影来对混沌动力学系统的轨迹进行短期预测. 该方法通过比对真实值与预测值之间的标准相关系数, 实现了时间序列中确定性混沌与测量误差或环境误差的区分.

对于多维时间序列的预测, Deyle 和 Sugihara 根据广义嵌入定理[16], 开发了新思想, 提出了多视图嵌入 (MVE) 方法[94]. 多视图嵌入方法在克服短程时间序列或者含噪声时间序列预测的限制方面特别有效. 然而在多视图嵌入方法中, 如果变量维数比较多, 这种方法的计算量是十分庞大的. 假设系统有 n 个变量, 在给定延迟为 k, 嵌入维数为 m 时, 则需要重构 $\mathrm{C}_{nk}^m - \mathrm{C}_{n(k-1)}^m$ 个 m 维相空间, 这里 C_{nk}^m 是指从 nk 组延迟坐标中选出 m 个构成组合的所有可能的组合数. 比如, 对于一个含有 6 个变量的系统, 当 $m = 3, k = 3$ 时, 就需要重构 596 个相空间, 显然, 如果变量维数更高, 重构相空间就需要更多. 2018 年马欢飞等提出了一个随机分布嵌入 (RDE) 框架用于预测高维短程的时间序列[95]. 随机分布嵌入框架将随机生成的低维无延迟嵌入相空间映射到由需要预测的目标变量构造的延迟嵌入相空间中. 这样的映射可以看作一个弱的预测器, 这些弱的预测器能够将来自不同嵌入的相关信息片段修补到目标变量的全部的动力学中. 将这些弱预测器通过加权平均可以建立出强预测器. 随机分布嵌入框架能够降低多视图嵌入方法产生的计算复杂度, 通过将高维数据中隐藏的相互交织的动力学过程转化到由一维信号重构的相空间中, 利用无延迟重构状态空间与延迟重构相空间之间的关联关系来设计预测器.

与此同时, 随着计算机科学和技术的进步, 机器学习方法[96,97], 包括深度置信网络[98-100]、神经网络集成[101-103]、长短时记忆[104]、储层计算[105,106]、云计算[107,108], 已经被广泛研究. 机器学习在理解和预测人类行为研究方面提供了新的工具. 2004 年, Jaeger 和 Haas 发表在 *Science* 上的文章中提出了一种回声状态网络 (ESN) 用于学习非线性系统的黑匣子模型, 也可以用来预测混沌系统[105]. 近年来, 先进的时间序列深度学习模型, 包括长短时记忆网络和基于注意力机制的循环神经网络, 已被广泛应用于语音识别[109]、COVID-19 预测[110]、交通流预测[84]、流感流行预测[86] 等研究中. 然而, 随着对性能要求的提高, 这些先进的模型所需的计算时间迅速增加. Wang 等在卷积神经网络 (CNN) 中设计了一个动态路由网络, 在保持整个网络精度的同时, 降低了模型推理的平均代价[111]. 在处理给定图像时, 动态路由策略通过混合强化学习确定了需要包含的卷积神经网络的特定层. Bolukbasi 等提出了一种用于有效推理的自适应神经网络[112]. 其自适应提前退出策略允许简单的示例绕过网络的某些层, 并且自适应网络选择策略从一组预先训练好的网络中选择最优路由, 以减少计算时间. Huang 等在图像分类中使用了一种二维多尺度网络结构, 该结构在整个网络中都保持了粗糙和精细两级别的特征. 结果表明, 该框架可以改进现有的先进模型[113]. 另外, 分段映射策略减少了高维特征分类中模型参数的数目, 避免了细粒度图像识别中参数爆炸的风险[114].

需要指出的是, 机器学习方法在预测过程中, 数据变量之间隐含的具体函数关系常被 "黑匣子" 代替, 也就是说该函数关系的具体表达式是未知的. 并且, 神经网络的性能在很大程度上取决于训练数据的长度, 准确的预测往往需要训练集包含足够多的训练数据. 综上所述, 高维的或者长程的混沌时间序列是可以实现短期预测的. 然而, 对于低维中程的混沌时间序列的预测, 也就是说在信息不足的情况下对混沌时间序列的预测, 仍然是一个复杂而重要的任务. 这里, 中程时间序列是指时间序列的长度大于 100 且小于 500. 本章利用重构相空间以及嵌入定理在预测机制中引入观测变量的动力学演化信息, 提出了时滞参数化方法[182] 和动态前馈神经网络预测机制[184], 解决了时间序列预测中信息不足的问题.

3.1 理 论 分 析

在确定性的混沌系统中, 原始系统的动力学信息可以从变量的演化中获得. 这里, 确定性的混沌指系统的动力学演化是混沌的, 但是仍然服从一些特定的规律, 这使得混沌行为可以被短期预测. 但是由于系统的混沌效应, 混沌行为的长期预测是不能实现的.

根据 Takens 嵌入定理 (见定理 1.4), 系统的一个单变量时间序列 $\{y(t)\}$ 可以重构到 $2d+1$ 维相空间中. 重构相空间中的一点 $\Phi(t)$ 有如下形式:

$$\Phi(t) = (y(t), y(t+\tau), y(t+2\tau), \cdots, y(t+(2d)\tau)), \tag{3.1}$$

这里, τ 是时间延迟, $y(t)$ 是光滑观测函数, 并且 $y(t+k\tau) = y(\varphi^k(t))$, 函数 $\varphi^k: t \to t+k\tau$ 是定义在流形上的半流. 函数 Φ 是紧流形 M 到 $2d+1$ 维重构相空间的一个嵌入. 值得注意的是, 若映射 Φ 是嵌入, 那么 Φ 一定是浸入并且映射 Φ 是单射.

图 3.1 以 Lorenz 系统为例概述了 Takens 嵌入定理. $x(t)$, $y(t)$ 和 $z(t)$ 是系统的三个变量. 子图 (d) 展示了 Lorenz 系统的混沌吸引子, 即紧流形 M; 子图 (e),(f),(g) 分别是时间序列 (a),(b),(c) 相空间重构的映射流形. 映射 $\Phi_x = (x(t), x(t+\tau_1), x(t+2\tau_1))$ 和 $\Phi_y = (y(t), y(t+\tau_2), y(t+2\tau_2))$ 是嵌入, 但是映射 $\Phi_z = (z(t), z(t+\tau_3), z(t+2\tau_3))$ 是浸入而不是嵌入, 因为映射 Φ_z 不是单射. 它无法再现原始系统 "蝴蝶" 吸引子中的两个翅膀, 因为它将系统中不同的点映射到了同一个点上.

通过分析重构相空间中轨道的性质来预测时间序列的演化是可行的. 然而, 如果映射 Φ 是浸入而不是嵌入, 就像上面 Lorenz 系统例子中的 Φ_z, 一维观测变量的相空间重构可能会丢失一些重要的信息. 而一维观测变量的轨道性质可以由与其相关的其他观测变量的演化来决定, 所以广义嵌入定理 (见定理 1.5) 提出了多维观测变量的相空间重构. 在广义嵌入定理中, 映射 $\Phi_{\langle y_k \rangle}$ 将紧流形 M 上的点映射到 $\mathbb{R}^{2d+1}$ 空间中.

$$\Phi_{\langle y_k \rangle}(t) = (y_1(t), y_2(t), y_3(t), \cdots, y_{2d+1}(t)), \tag{3.2}$$

这里 y_k 是不同的观测函数. 注意到在公式 (3.1) 中 $\Phi(t)$ 的组员是时间延迟后的观测值, 所以在公式 (3.2) 中, $\Phi_{\langle y_k \rangle}(t)$ 的组员可以是无延迟的观测值也可以是延迟后的观测值. 受 Takens 嵌入定理和广义嵌入定理的启发, 我们提出了新的定理, 定义了用于预测多维耦合混沌时间序列的关联函数.

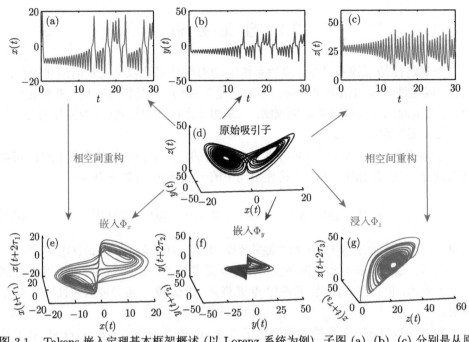

图 3.1　Takens 嵌入定理基本框架概述 (以 Lorenz 系统为例). 子图 (a), (b), (c) 分别是从原始系统获取的时间序列; (d) 图是原始系统的吸引子, 也就是紧流形; (e), (f), (g) 分别是 (a), (b), (c) 中的时间序列重构成的映射流形. 映射 Φ_x 和 Φ_y 是从 (d) 到 (e), (f) 的嵌入, Φ_z 是从 (d) 到 (g) 的浸入而并不是嵌入

定理 3.1　M 是 d 维紧流形, 映射 $\varphi : M \to M$ 是光滑的微分同胚, 映射集 $\langle y_k \rangle : M \to \mathbb{R}, k = 1, 2, \cdots, 2d+1$ 是一系列光滑的观测函数, 那么 $\mathbb{R}^{2d+1}$ 空间存在一系列到自身的光滑关联函数 Ψ_k, 使得对 $x \in M$ 有

$$\Psi_k(y_1(x), y_2(x), \cdots, y_{2d+1}(x)) = (y_k(x), y_k(\varphi(x)), \cdots, y_k(\varphi^{2d}(x))), \quad (3.3)$$

这里光滑是指具有 $\mathbb{C}^2$ 光滑性.

证明　由 Takens 嵌入定理和广义嵌入定理可知, 存在紧流形 M 到 $\mathbb{R}^{2d+1}$ 空间上的映射 $\Phi_1^k(x)$ 和 $\Phi_2(x)$:

$$\Phi_1^k(x) = (y_k(x), y_k(\varphi(x)), \cdots, y_k(\varphi^{2d}(x))),$$
$$\Phi_2(x) = (y_1(x), y_2(x), \cdots, y_{2d+1}(x)).$$

由于映射 Φ_2 是紧流形 M 到 $\mathbb{R}^{2d+1}$ 的嵌入, 那么映射 Φ_2 一定是单射, 所以 Φ_2 存在逆映射 $\Phi_2^{-1} : \mathbb{R}^{2d+1} \to M$,

$$\Phi_2^{-1}(y_1(x), y_2(x), \cdots, y_{2d+1}(x)) = x.$$

那么, 关联函数映射 Ψ_k 就可以定义为 $\Psi_k = \Phi_1^k \Phi_2^{-1} : \mathbb{R}^{2d+1} \to \mathbb{R}^{2d+1}$, 使得

$$(y_k(x), y_k(\varphi(x)), \cdots, y_k(\varphi^{2d}(x))) = \Phi_1^k(\Phi_2^{-1}(y_1(x), y_2(x), \cdots, y_{2m+1}(x)))$$
$$= \Psi_k(y_1(x), y_2(x), \cdots, y_{2d+1}(x)).$$

下面需要证明我们定义的 Ψ_k 是映射, 即证明 Ψ_k 相同的原像有相同的像 (映射可以多对一, 但不可以一对多). 这里我们证明其逆反问题: 不同的像有不同的原像.

对于 $\mathbb{R}^{2d+1}$ 空间中的任意两个不同的点 $\hat{Y}_k$ 和 Y_k^*,

$$\hat{Y}_k = (\hat{y}_k(x), \hat{y}_k(\varphi(x)), \cdots, \hat{y}_k(\varphi^{2d}(x))),$$
$$Y_k^* = (y_k^*(x), y_k^*(\varphi(x)), \cdots, y_k^*(\varphi^{2d}(x))).$$

另外, 由于 Φ_1^k 也是紧流形 M 到 $\mathbb{R}^{2d+1}$ 的嵌入, 那么映射 Φ_1^k 一定是浸入映射, 所以一定存在 $\hat{x} \in M, x^* \in M$, 且 $\hat{x} \neq x^*$, 使得

$$\Phi_1^k(\hat{x}) = \hat{Y}_k, \quad \Phi_1^k(x^*) = Y_k^*.$$

又因为 Φ_2 是单射, 对于 $\hat{x} \neq x^*$ 有 $\Phi_2(\hat{x}) \neq \Phi_2(x^*)$, 且

$$\Phi_2(\hat{x}) = (\hat{y}_1(x), \hat{y}_2(x), \cdots, \hat{y}_{2m+1}(x)) = \hat{\mathcal{Y}},$$
$$\Phi_2(x^*) = (y_1^*(x), y_2^*(x), \cdots, y_{2m+1}^*(x)) = \mathcal{Y}^*,$$

所以, 对于 Ψ_k, 在 $\mathbb{R}^{2d+1}$ 空间中不同的像 $\hat{Y}_k, Y_k^*$, 可以找到不同的原像 $\hat{\mathcal{Y}}, \mathcal{Y}^*$, 使得 $\Psi_k(\hat{\mathcal{Y}}) = \hat{Y}_k, \Psi_k(\mathcal{Y}^*) = Y_k^*$. 至此, 我们证明了 Ψ_k 是定义明确的映射, 也就是我们要找的关联函数映射. □

注意, 在定理 3.1 的证明过程中并没有限制 Φ_1^k 一定是嵌入, Φ_1^k 是浸入也可行. 所以利用定理 3.1 得到的关联函数设计预测就可以避免图 3.1 中 Φ_z 的情形出现. 图 3.2 以 Lorenz 系统为例简要表述了利用定理 3.1 中的关联函数实现预测的基本梗概. Lorenz 系统的混沌吸引子 (紧流形 M) 到无延迟嵌入相空间之间存在映射 Φ_1, 紧流形 M 到目标变量构成的延迟嵌入相空间之间存在映射 Φ_2, 那么无延迟嵌入相空间与延迟嵌入相空间之间存在关联函数映射 Ψ. 通过关联函数, 多维观测变量中的演化信息被运用到一维信号的预测中. 这里, 一维信号相空间重构时所需的时间延迟 τ_1 被设置为需要求解的参数, 参数的求解依赖于一维时间序列的预测效果.

另外, 在预测混沌时间序列时, 系统的时空复杂性显得十分重要, 我们应当详细分析系统的时空动力学复杂性. 根据 Takens 嵌入定理, 原始系统的动力学演化可以拓扑等价于重构相空间中轨道的演化. 最大 Lyapunov 指数 (λ), 作为刻画重

构相空间轨道动力学行为的重要参数, 量化了相空间轨道演化的分离速率. 紧流形中正的最大 Lyapunov 指数值反映系统的动力学演化状态是混沌的, 负的最大 Lyapunov 指数表明系统的动力学演化是稳定的. 进一步可以利用重构相空间的近似熵 ApEn 刻画系统动力学演化的混乱度.

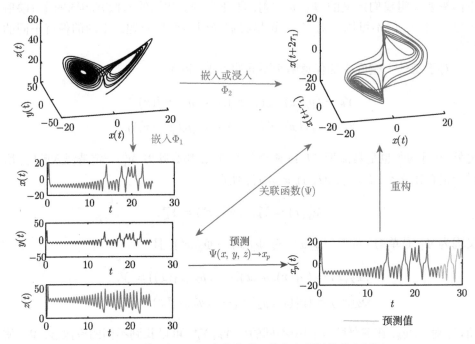

图 3.2　利用定理 3.1 中的关联函数实现预测的基本梗概

3.2　时滞对重构相空间的影响

时滞作为我们设计的预测机制中的模型参数, 这里首先讨论时滞的选取对相空间的影响. 对于时间序列 $\{x_1, x_2, \cdots, x_N\}$, 其对应的重构相空间记为

$$R = \begin{pmatrix} x_1 & x_2 & \cdots & x_{N-(m-1)\tau} \\ x_{1+\tau} & x_{2+\tau} & \cdots & x_{N-(m-2)\tau} \\ \vdots & \vdots & & \vdots \\ x_{1+(m-1)\tau} & x_{2+(m-1)\tau} & \cdots & x_N \end{pmatrix}, \tag{3.4}$$

这里, N 是时间序列的长度, m 是相空间的嵌入维数, τ 是时间延迟, m 和 τ 取值都为整数. 重构相空间中的点的个数为 $M = N - (m-1)\tau$, 并且相空间中每个点

都是一个 m 维向量. 根据 Takens 嵌入定理和广义嵌入定理, 重构相空间的轨道演化拓扑等价于原始系统的动力学演化. 以 Lorenz 系统为例, 系统蝴蝶状的吸引子如图 3.3(a), 系统变量 y 利用延迟坐标重构的相空间为 $R = (y(i), y(i+\tau), y(i+2\tau))^{\mathrm{T}}$, 重构相空间的相图如图 3.3(b). Lorenz 系统吸引子与重构相空间之间的动力学是拓扑等价的.

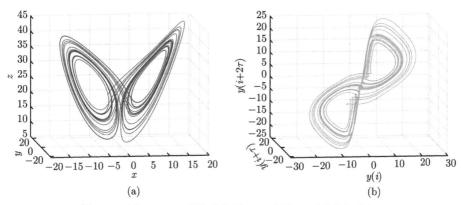

图 3.3　(a) Lorenz 系统的相图; (b) 变量 y 重构的相空间

相空间重构有两个关键参数: 嵌入维数 m 和时间延迟 τ. 嵌入维数对应于用来刻画系统状态所需独立变量的数目, 如果 m 太小, 相空间中吸引子就不能完全展开, 但是 m 太大会增加冗余度. 记观测变量 y 的 k 阶条件概率为

$$P(y \,|y_1, y_2, y_3, \cdots; \tau),$$

表示在 τ 时刻前观测到 y_1, 在 2τ 时刻前观测到 y_2, 在 3τ 时刻前观测到 y_3, $\cdots$, 在 $k\tau$ 时刻前观测到 y_k 的前提条件下观测到 y 的概率. 如果 τ 取值较小, k 条件概率近似等价于 x 在某一时刻的值以及 q 阶导数值, $q = 1, 2, \cdots, k-1$. 这时重构相空间中的点 $Y(t)$ 和 $Y(t+\tau)$ 不能分开. 如果 τ 值过大, $Y(t)$ 和 $Y(t+\tau)$ 之间的关联性减小, 使得样本间产生的流形性质信息相互随机. 除非选择适当的时间延迟和嵌入维数, 否则重构的相空间将不能准确地反映原始吸引子的演化规律.

图 3.4 展示了 Lorenz 系统中变量 y 利用不同的时间延迟 τ 重构相空间的相图. 从图中可以看出, 当 τ 等于 1 时, 吸引子不能完全展开; 而当 τ 等于 28 时, 吸引子丢失了部分关联信息. 因此, 时间延迟值的选择对于良好的相空间重构至关重要. 常用的求解时间延迟的方法有自相关函数法[2]、互信息法[6]; 求解嵌入维数的方法主要是伪最近邻点法[10] 和 Cao 方法[11]. 这些方法是分析时间序列动力学稳定性时重构相空间参数求解的经典方法, 但是这些方法求得的参数值并不一定

是时间序列预测的最优参数值. 在我们设计的预测机制中, 遍历算法、整数限制的粒子群优化算法、遗传算法被用来求解最佳时间延迟.

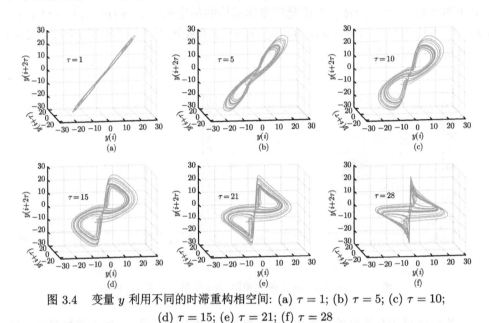

图 3.4　变量 y 利用不同的时滞重构相空间: (a) $\tau = 1$; (b) $\tau = 5$; (c) $\tau = 10$;
(d) $\tau = 15$; (e) $\tau = 21$; (f) $\tau = 28$

3.3　预 测 机 制

3.3.1　时滞参数化方法

由 MVE 和 RDE 方法可知, 高维短程混沌时间序列可以通过原始相空间与重构相空间动力学之间的关联函数实现短期预测. 另一方面, 时间延迟 τ 在重构相空间的过程中起到十分重要的角色[1]. 如果 τ 取值过小, $x(t)$ 和 $x(t+\tau)$ 不能被分开, 吸引子不能被完全展开; 如果 τ 取值过大, $x(t)$ 和 $x(t+\tau)$ 之间可能不相关, 一些演化信息被丢失. 因此时间延迟的选择依赖于相应的时间序列, 也就是说, 在设计预测机制时要将时间延迟设成未知参数而不是定值. 这种参数依赖的重构也许能够克服 "维度诅咒"[94]. 因此我们提出了时滞参数化 (DPM) 方法来预测低维中程混沌时间序列.

时滞参数化方法的主要思想 (图 3.5): 低维中程观测变量 $\{y_i\}$ 通过无延迟构造成原始系统的子空间, 接下来被预测的目标变量通过延迟坐标构成重构相空间. 原始相空间的子空间与重构的相空间的动力学存在关联性, 以时间延迟 τ 为参数的关联函数 $f(\tau)$ 连接了原始相空间与重构相空间之间的动力学, 使得低维中程观测变量未来的发展可以被短期预测. 遍历算法、遗传算法、粒子群算法被用来优化求解关联函数 $f(\tau)$, 通过选取合适的时间延迟使得预测误差最小. 利用确定性的关联函数可以实现低维中程观测变量的短期预测. 首先, 我们考虑关联函数是线性的 (或者关联函数的线性近似) 情况. 假设观测函数是 $\langle y_1, y_2, \cdots, y_m \rangle$, 这里 $y_k : M \to \mathbb{R}, k = 1, 2, \cdots, m$ 是光滑函数. 记每一个观测变量的长度为 N. 那么由多维观测变量构成的相空间为

$$
\mathcal{Y} = \begin{pmatrix} y_1 \\ y_2 \\ \vdots \\ y_m \end{pmatrix}^{\mathrm{T}} = \begin{pmatrix} y_1(1) & y_2(1) & \cdots & y_m(1) \\ y_1(2) & y_2(2) & \cdots & y_m(2) \\ \vdots & \vdots & & \vdots \\ y_1(N) & y_2(N) & \cdots & y_m(N) \end{pmatrix}. \tag{3.5}
$$

由第 k 个观测变量 y_k 经延迟坐标重构的相空间为

$$
Y_k = \begin{pmatrix} y_k(1) & y_k(1+\tau_k) & \cdots & y_k(1+(m-1)\tau_k) \\ y_k(2) & y_k(2+\tau_k) & \cdots & y_k(2+(m-1)\tau_k) \\ \vdots & \vdots & & \vdots \\ y_k(N) & y_k(N+\tau_k) & \cdots & y_k(N+(m-1)\tau_k) \end{pmatrix}, \tag{3.6}
$$

这里, τ_k 是延迟参数, $\mathcal{Y}$ 和 Y_k 都是 m 维的相空间. 根据定理 3.1, $\mathcal{Y}$ 到 Y_k 的线性关联函数可以定义为 $\Psi_k : \mathcal{Y} \to Y_k, Y_k = \Psi_k(\mathcal{Y}) = \mathcal{Y}P$.

$$
\begin{aligned}
Y_k &= \begin{pmatrix} y_k(1) & y_k(1+\tau_k) & \cdots & y_k(1+(m-1)\tau_k) \\ y_k(2) & y_k(2+\tau_k) & \cdots & y_k(2+(m-1)\tau_k) \\ \vdots & \vdots & & \vdots \\ y_k(N) & y_k(N+\tau_k) & \cdots & y_k(N+(m-1)\tau_k) \end{pmatrix} = \mathcal{Y}P \\
&= \begin{pmatrix} y_1(1) & y_2(1) & \cdots & y_m(1) \\ y_1(2) & y_2(2) & \cdots & y_m(2) \\ \vdots & \vdots & & \vdots \\ y_1(N) & y_2(N) & \cdots & y_m(N) \end{pmatrix} \begin{pmatrix} P_{1,1} & P_{1,2} & \cdots & P_{1,m} \\ P_{2,1} & P_{2,2} & \cdots & P_{2,m} \\ \vdots & \vdots & & \vdots \\ P_{m,1} & P_{m,2} & \cdots & P_{m,m} \end{pmatrix},
\end{aligned} \tag{3.7}
$$

这里 P 是由耦合关系系数组成的参数矩阵.

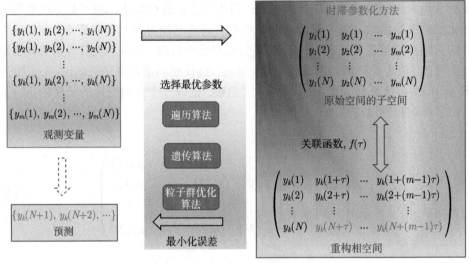

图 3.5　DPM 方法的主要思想

在公式 (3.7) 中, 未知的数据有 $P_{i,j}$ 和 $\{y_k(N+k), k=1,2,\cdots,(m-1)\tau_k\}$, 也就是说, 状态空间 $\mathcal{Y}$ 和 Y_k 的前 $N-(m-1)\tau_k$ 行数据是已知的. 记 $\mathcal{Y}$ 和 Y_k 的已知的数据为 $\overline{Y_k}, \overline{\mathcal{Y}}$.

$$\overline{Y_k} = \begin{pmatrix} y_k(1) & y_k(1+\tau_k) & \cdots & y_k(1+(m-1)\tau_k) \\ y_k(2) & y_k(2+\tau_k) & \cdots & y_k(2+(m-1)\tau_k) \\ \vdots & \vdots & & \vdots \\ y_k(N-(m-1)\tau_k) & y_k(N-(m-2)\tau_k) & \cdots & y_k(N) \end{pmatrix},$$

$$\overline{\mathcal{Y}} = \begin{pmatrix} y_1(1) & y_2(1) & \cdots & y_m(1) \\ y_1(2) & y_2(2) & \cdots & y_m(2) \\ \vdots & \vdots & & \vdots \\ y_1(N-(m-1)\tau_k) & y_2(N-(m-1)\tau_k) & \cdots & y_m(N-(m-1)\tau_k) \end{pmatrix}.$$

参数矩阵 P 就可以通过求解方程 (3.8) 得到

$$\overline{Y_k} = \overline{\mathcal{Y}}P. \tag{3.8}$$

当我们得到了耦合关系系数矩阵 P 后, 第 k 个观测变量的未知数据

$$\{y_k(N+k),\ k=1,2,\cdots,(m-1)\tau_k\}$$

的预测就可以通过公式 (3.7) 实现.

值得注意的是, 在大多数情况下方程组 (3.8) 是超定的, 即方程的个数大于未知量的个数. 这种情况下参数的求解要基于最小二乘法.

$$P = (\overline{\mathcal{Y}}'\overline{\mathcal{Y}})^{-1}\overline{\mathcal{Y}}'\overline{Y_k}, \tag{3.9}$$

这里, $\overline{\mathcal{Y}}'$ 表示 $\overline{\mathcal{Y}}$ 的转置, $(\overline{\mathcal{Y}}'\overline{\mathcal{Y}})^{-1}$ 表示 $\overline{\mathcal{Y}}'\overline{\mathcal{Y}}$ 的逆. 如果定理 3.1 中的映射 Φ_1^k 不是单射, 那么矩阵 P 就不是满秩矩阵, 这时 $\overline{\mathcal{Y}}'\overline{\mathcal{Y}}$ 是奇异矩阵, $(\overline{\mathcal{Y}}'\overline{\mathcal{Y}})^{-1}$ 求解的是伪逆矩阵.

一般情况下, 关联函数 Ψ 是非线性的. 在这里, 我们将用非线性多项式函数来近似表达非线性的关联函数, 因为大多数情况下我们常用多项式函数去逼近复杂的非线性函数. 多变量之间的非线性效应可以用多项式形式表示. 回顾我们定义的多维观测变量状态空间 $\langle y_1, y_2, \cdots, y_m \rangle$, 其组员 y_i 与 y_j 之间的 Hadamard 乘积 $y_i \circ y_j$ 可以表示观测变量 y_i 与 y_j 之间的非线性耦合关系. 因此, 我们可以定义关联函数逼近的二阶非线性项为

$$N_2 = \{y_i \circ y_j | i, j = 1, 2, \cdots, m\}.$$

类似地, 有三阶非线性逼近项

$$N_3 = \{y_i \circ y_j \circ y_k | i, j, k = 1, 2, \cdots, m\},$$

以及更高阶的非线性项. 这种非线性项可以通过细化状态空间添加到关联函数的逼近中, 细化的状态空间为 $\mathcal{Y} = \{y_i, y_i \circ y_j, y_i \circ y_j \circ y_k, \cdots\}, i, j, k = 1, 2, \cdots, m$.

考虑到变量的动力学演化, 变量的导数信号与原信号之间的关联性质也扮演关键角色. 如果变量 y_i 被选作需要预测的目标变量, 其导数信号 y_i' 和与之相关的原始信号 y_k 之间的非线性关联可以用 Hadamard 乘积 $y_i' \circ y_k$ 刻画. 那么这种包含目标变量导数信号的二阶非线性近似项可以定义为 $D_2 = (y_i' \circ y_1, y_i' \circ y_2, \cdots, y_i' \circ y_m)$. 根据需求, 包含目标变量倒数项的高阶非线性近似逼近项可以类似地定义.

为了便于描述预测过程, 下面我们只使用二阶非线性项逼近. 精细化的状态空间定义为

$$\mathcal{Y} = \begin{pmatrix} y_1(1) & \cdots & y_m(1) & y_1(1) \circ y_2(1) & \cdots & y_{m-1}(1) \circ y_m(1) \\ y_1(2) & \cdots & y_m(2) & y_1(2) \circ y_2(2) & \cdots & y_{m-1}(2) \circ y_m(2) \\ \vdots & & \vdots & \vdots & & \vdots \\ y_1(N) & \cdots & y_m(N) & y_1(2) \circ y_2(N) & \cdots & y_{m-1}(N) \circ y_m(N) \end{pmatrix}. \tag{3.10}$$

目标变量 y_k 及其延迟坐标组成的重构相空间 Y_k 为

$$
Y_k = \begin{pmatrix}
y_k(1) & y_k(1+\tau) & \cdots & y_k(1+(m-1)\tau) \\
y_k(2) & y_k(2+\tau) & \cdots & y_k(2+(m-1)\tau) \\
\vdots & \vdots & & \vdots \\
y_k(N-(m-1)\tau) & y_k(N-(m-2)\tau) & \cdots & y_k(N) \\
\vdots & \vdots & & \vdots \\
y_k(N) & y_k(N+\tau) & \cdots & y_k(N+(m-1)\tau)
\end{pmatrix}.
$$

$$\tag{3.11}$$

关联函数 $\Psi(\mathcal{Y}) = \mathcal{Y}P$ 中的耦合关系系数矩阵 P 为

$$
P = \begin{pmatrix}
P_{1,1} & P_{1,2} & \cdots & P_{1,m} \\
P_{2,1} & P_{2,2} & \cdots & P_{2,m} \\
\vdots & \vdots & & \vdots \\
P_{m(m+1)/2,1} & P_{m(m+1)/2,2} & \cdots & P_{m(m+1)/2,m}
\end{pmatrix}.
$$

$$\tag{3.12}$$

类似于线性相关函数的情况, $\overline{Y_k}$ 和 $\overline{\mathcal{Y}}$ 分别由 Y_k 和 $\mathcal{Y}$ 的前 $N-(m-1)\tau$ 行组成. 矩阵 P 可以通过 $P = (\overline{\mathcal{Y}}'\overline{\mathcal{Y}})^{-1}\overline{\mathcal{Y}}'\overline{Y_k}$ 求解. 获得耦合关系系数矩阵 P 后, 观测变量的未知数 $\{y_k(N+k), k=1,2,3,\cdots,(m-1)\tau_k\}$ 的预测可以通过计算等式 $Y_k = \mathcal{Y}P$ 实现.

综上所述, 多维混沌时间序列可以通过关联函数映射实现预测. 然而, 一步预测最多可以预测的点数为 $(m-1)\tau$. 多步预测策略被用来实现更多数据的预测. 对于 m 维耦合信号, 记重构相空间所需要的时间延迟为 $\tau = (\tau_1, \tau_2, \cdots, \tau_m)$. 矩阵 Y_k (见公式 (3.5)) 的第 $N-\tau_k+1$ 行第二列对应的数值是一步预测算法的第一个预测值. 每一个观测变量的第一个预测值 $\hat{y}_k(N+1), k=1,2,\cdots,m$ 被用来作为下一步预测的已知数值. 也就是说, 每一步预测中各变量的数据长度增加 1, 那么 K 步预测后的预测值的个数就是 K.

为了评估该预测算法, 关于目标变量 y_k 的均方误差 (MSE)、平均绝对误差 (MAE) 被用来作为评价标准:

$$
\mathrm{MSE}(y_k) = \frac{1}{K}\sum_{j=1}^{K}(y_k(N+j) - \hat{y}_k(N+j))^2,
$$

$$\tag{3.13}$$

$$\mathrm{MAE}(y_k) = \frac{1}{K} \sum_{j=1}^{K} \left| \frac{y_k(N+j) - \hat{y}_k(N+j)}{y_k(N+j)} \right|, \tag{3.14}$$

这里, $y_k(N+j)$ 表示真实值, $\hat{y}_k(N+j)$ 是预测值.

3.3.2 动态前馈神经网络预测机制

我们利用相空间重构技术与神经网络算法设计了一种用于低维中程时间序列预测的动态前馈神经网络机制 (DFNN). 将目标变量的延迟重构空间描述的动力学特性定义为神经网络结构的输出信号, 观测变量的非延迟嵌入状态空间定义为输入信号, 可以将时间序列隐含的动力学信息引入到预测机制中.

系统的可预测性源自于时间序列中隐藏的各种信息, 系统的动力学演化信息可以为预测模型的设计提供丰富的信息源. 系统的观测变量, 即多维耦合时间序列, 虽然可能不是系统的自变量信号, 但反映了系统本征性质在某一方向的投影. 因此系统性质的预测本质是多维时间序列预测. 在系统建模之前, 应该讨论数据的局限性.

(1) 观测值的维数必须大于 1, 每个一维时间序列被看作系统的一个变量, 并且所有变量之间必须是相关的.

(2) 时间序列的长度不宜过长, 也不宜太短. 时间序列太短就没有足够多的系统基本信息, 不利于预测, 而数据太长会造成信息冗余. 在我们的预测方案中, 数据的长度最少为几百个.

(3) 观测值的大小应在相同的尺度上. 如果数据的幅度在不同的尺度, 则需要标准化.

动态前馈神经网络 (DFNN) 预测机制的设计思路是利用前馈神经网络将观测变量与动力学演化信息桥连起来. 网络结构的输入是来自原始系统的观测值, 而输出则被设计成系统轨道的动态演化. 假定系统的观测变量为 $\{x_k(i) : 1 \leqslant i \leqslant N, 1 \leqslant k \leqslant m\}$, 这里 m 是观测变量的维数, N 是观测变量的数据长度. 为了避免因为数据量级不同尺度造成的计算误差, 观测变量首先被标准化处理: $s_k(i) = x_k(i)/(\max(x_k) - \min(x_k))$, 这里 $\max(x_k)$ 和 $\min(x_k)$ 分别表示变量 x_k 的最大值和最小值. 这样, 预测系统的输入就定义为

$$\mathrm{inputs} = \begin{cases} s_1(1), s_1(2), \cdots, s_1(N), \\ s_2(1), s_2(2), \cdots, s_2(N), \\ \quad\quad \cdots\cdots \\ s_m(1), s_m(2), \cdots, s_m(N). \end{cases} \tag{3.15}$$

第 k 个变量 s_k 的重构相空间定义为

· 54 ·

$$S_k = \begin{pmatrix} s_k(1) & s_k(2) & \cdots & s_k(N-(d-1)\tau) \\ s_k(1+\tau) & s_k(2+\tau) & \cdots & s_k(N-(d-2)\tau) \\ s_k(1+2\tau) & s_k(2+2\tau) & \cdots & s_k(N-(d-3)\tau) \\ \vdots & \vdots & & \vdots \\ s_k(1+(d-1)\tau) & s_k(2+(d-1)\tau) & \cdots & s_k(N) \end{pmatrix}, \quad (3.16)$$

这里, τ 是时间延迟, d 是相空间重构的嵌入维数, N 是时间序列的长度, 相空间中有 $M = N-(d-1)\tau$ 个 d 维向量点. 相空间 S_k 可以看作是系统轨道动力学信息的一个切片. 随着时间演化, 新的状态空间定义为 $\hat{S}_k$,

$$\hat{S}_k = \begin{pmatrix} s_k(M+1) & s_k(M+2) & \cdots & s_k(N) \\ s_k(M+1+\tau) & s_k(M+2+\tau) & \cdots & s_k(N+\tau) \\ s_k(M+1+2\tau) & s_k(M+2+2\tau) & \cdots & s_k(N+2\tau) \\ \vdots & \vdots & & \vdots \\ s_k(M+1+(d-1)\tau) & s_k(M+2+(d-1)\tau) & \cdots & s_k(N+(d-1)\tau) \end{pmatrix}.$$
$$(3.17)$$

注意, 在 $\hat{S}_k$ 中 $\{s_k(N+j) : 1 \leqslant j \leqslant (d-1)\tau\}$ 的值是未知的, 是需要被预测的. 预测机制设计中我们用前馈神经网络来训练网络结构, 首先取观测变量的前 M 个时间点作为网络的输入, S_k 作为输出. 以径向基神经网络为例, 径向基函数网络是以径向基函数为激活函数的人工神经网络, 其输出是输入径向基函数和神经元参数的线性组合[122]. 我们利用 MATLAB 函数 newrb 来设计这个径向基网络, newrb 函数创建网络时一次迭代只增加一个神经元, 逐步减小误差, 直到误差达到规定的误差性能或者神经元数量达到上限时, 整个建网才算结束 (https://www.mathworks.com/help/deeplearning/ref/newrb.html). newrb 函数的语法是

$$\text{net} = \text{newrb}(P, T, \text{goal}, \text{spreed}, mn, df),$$

这里, net 是目标神经网络, P 是包含 Q 个输入向量的 $R \times Q$ 阶矩阵, T 是包含 Q 个输出向量的 $S \times Q$ 阶矩阵, goal 是均方误差, spread 是径向基函数的扩展速度. spread 越大, 函数的拟合就越平滑. mn 是最大神经元个数, df 是两次显示之间所添加的神经元数目. 为了使训练效果可视化, 函数 train $=$ sim(net, P) 被用来求解输入 T 对应的训练值 train.

在 DFNN 机制中, P 是 $m \times M$ 包含 M 个向量的输入矩阵, $Q = S_k$ 是 $d \times M$

包含 M 个向量的输出矩阵.

$$P = \begin{pmatrix} s_1(1) & s_1(2) & \cdots & s_1(M) \\ s_2(1) & s_2(2) & \cdots & s_2(M) \\ \vdots & \vdots & & \vdots \\ s_m(1) & s_m(2) & \cdots & s_m(M) \end{pmatrix}, \tag{3.18}$$

矩阵 S_k 中隐含的动力学信息被引入到我们的机制中. 需要强调的是, 嵌入维数 d 和时间延迟 τ 这两个参数需要求解. 嵌入维数与系统的自由度相关, 在应用举例中我们取嵌入维数 d 等于观测变量的维数 m, 未来的工作可以考虑优化选择嵌入维数. 对于时间延迟的选区则采用了智能优化算法——整数限制的粒子群优化算法.

假定以 P 为输入矩阵时的训练结果 train 为矩阵 S_k',

$$S_k' = \begin{pmatrix} s_k'(1) & s_k'(2) & \cdots & s_k'(N-(d-1)\tau) \\ s_k'(1+\tau) & s_k'(2+\tau) & \cdots & s_k'(N-(d-2)\tau) \\ s_k'(1+2\tau) & s_k'(2+2\tau) & \cdots & s_k'(N-(d-3)\tau) \\ \vdots & \vdots & & \vdots \\ s_k'(1+(d-1)\tau) & s_k'(2+(d-1)\tau) & \cdots & s_k'(N) \end{pmatrix}. \tag{3.19}$$

当训练的网络获得后, 我们定义输入信号 (见公式 (3.15)) 的 $M+1$ 到 N 时间点的向量作为新的输入矩阵 $\hat{P}$ 来预测目标向量组 $\hat{S}_k$, 即

$$\hat{P} = \begin{pmatrix} s_1(M+1) & s_1(M+2) & \cdots & s_1(N) \\ s_2(M+1) & s_2(M+2) & \cdots & s_2(N) \\ \vdots & \vdots & & \vdots \\ s_m(M+1) & s_m(M+2) & \cdots & s_m(N) \end{pmatrix}, \tag{3.20}$$

$$\hat{S}_k' = \begin{pmatrix} s_k'(M+1) & s_k'(M+2) & \cdots & s_k'(N) \\ s_k'(M+1+\tau) & s_k'(M+2+\tau) & \cdots & s_k'(N+\tau) \\ s_k'(M+1+2\tau) & s_k'(M+2+2\tau) & \cdots & s_k'(N+2\tau) \\ \vdots & \vdots & & \vdots \\ s_k'(M+1+(d-1)\tau) & s_k'(M+2+(d-1)\tau) & \cdots & s_k'(N+(d-1)\tau) \end{pmatrix}. \tag{3.21}$$

时间延迟的选择依赖于最小化预测误差, 为此我们定义目标函数为

$$f = \frac{1}{m} \sum_{k=1}^{m} \left[\mathrm{mean}\left(\left| \frac{s_k'(\cdot) - s_k(\cdot)}{s_k(\cdot)} \right| \right) \Big/ \mathrm{std}\left(\left| \frac{s_k'(\cdot) - s_k(\cdot)}{s_k(\cdot)} \right| \right) \right], \tag{3.22}$$

这里, $\mathrm{mean}(w(\cdot))$ 和 $\mathrm{std}(w(\cdot))$ 分别表示对 $\{w(j) : M+1 \leqslant j \leqslant N\}$ 求平均值和标准差. 注意, $w(j)$ 中 s_k' 取值于公式 (3.21) 而非公式 (3.19). $\{s_k(j) : M+1 \leqslant j \leqslant N\}$ 在原始数据中是已知的, 所以目标函数的定义是确切的. 目标函数 (3.22) 是一种标准化的误差, 形式上类似于高斯函数. 最优的时间延迟使得目标函数取得最小值.

在这个预测过程中, 我们设定每次迭代对于每个观测变量只增加一个预测值

$$s_k'(N+1), \quad k = 1, 2, \cdots, m.$$

注意 $s_k'(N+1)$ 为矩阵 $\hat{S}_k$ 最后一行的第一个值, 然后这些预测值被添加到观测变量中去做下一轮迭代, 那么观测变量为了获得 n 个预测值, 预测过程就要迭代 n 步, 这样分步预测能够减小预测的误差. 最终, 对预测值 $s_k'(N+j), 1 \leqslant j \leqslant n$, $1 \leqslant k \leqslant m$ 进行反归一化处理得 $x_k'(N+j) = s_k'(N+j) * (\max(x_k) - \min(x_k))$. 每个预测值的预测误差定义为

$$\mathrm{Error}(j) = \left| \frac{x_k'(N+j) - x_k(N+j)}{x_k(N+j)} \right|, \quad j = 1, 2, \cdots, n.$$

图 3.6 给出了动态前馈神经网络预测机制的预测过程框架图. 预测程序的伪代码见算法 1.

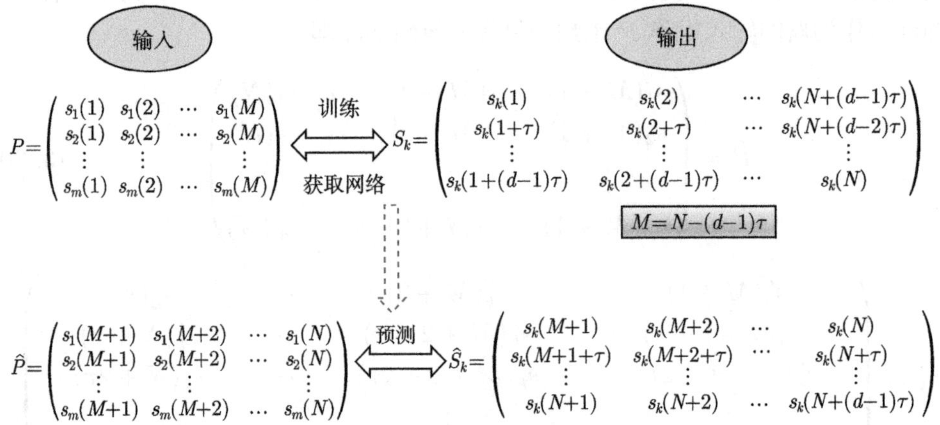

图 3.6　预测过程的框架图

在上述预测机制的讲述过程中, 我们采用了径向基神经网络和信号的动力学信息来训练模型. 相空间重构刻画的动力学信息被设定为网络结构的输出信号. 由于我们设计的预测机制是基于前馈神经网络算法, 所以类似于后向传播神经网络 (BPNN)[123] 也可以被用来结合动力学特征进一步构建模型.

算法 1 动态前馈神经网络预测算法

输入: 观测变量: $x_k(i)$, $1 \leqslant k \leqslant m$, $1 \leqslant i \leqslant N$;

输出: 预测值: $x'_k(N+j)$, $1 \leqslant k \leqslant m$, $1 \leqslant j \leqslant n$;

1: 归一化: $x_k(i) \Rightarrow s_k(i)$;

2: **for** $\tau = 1, 2, \cdots, \tau_{\max}$ **do**

3:　　利用 $s_k(i)$ 构造矩阵 P, S_k 和 $\hat{P}$;

4:　　令 P 作为输入矩阵, S_k 作为输出矩阵, 训练网络;

5:　　利用新输入矩阵 $\hat{P}$ 和获得的网络结构预测 $s'_k(j)$, $M+1 \leqslant j \leqslant N$;

6:　　计算目标函数 f;

7: **end for**

8: 通过最小化目标函数选择最优时间延迟 τ;

9: **for** 每一次迭代, $j = 1, 2, \cdots, n$ **do**

10:　　利用获得的最优时间延迟和 $s_k(i)$ 重构相空间 S_k;

11:　　令 P 作为输入矩阵, S_k 作为输出矩阵, 训练网络;

12:　　利用获得的网络结构和新输入矩阵 $\hat{P}$ 预测未知的 $s'_k(N+1)$;

13:　　增加预测值 $s'_k(N+1)$, $1 \leqslant k \leqslant m$ 到观测变量 $s_k(i)$, $1 \leqslant k \leqslant m$ 中;

14: **end for**

15: 获得预测值 $s'_k(N+j)$, $1 \leqslant k \leqslant m$, $1 \leqslant j \leqslant n$;

16: 反归一化处理: $s'_k(N+j) \Rightarrow x'_k(N+j) = s'_k(N+j) * (\max(x_k) - \min(x_k))$;

17: 计算 MAE, MSE 和 RMSE.

为了评估预测算法, 平均绝对误差 (MAE)、均方误差 (MSE)、相对均方误差 (RMSE) 被用来刻画预测误差.

$$\text{MAE} = \frac{1}{n} \sum_{j=1}^{n} \left| \frac{x'_k(N+j) - x_k(N+j)}{x_k(N+j)} \right|, \qquad (3.23)$$

$$\text{MSE} = \frac{1}{n} \sum_{j=1}^{n} \left(x'_k(N+j) - x_k(N+j) \right)^2, \qquad (3.24)$$

$$\text{RMSE} = \frac{1}{n} \sum_{j=1}^{n} \left(\frac{x'_k(N+j) - x_k(N+j)}{x_k(N+j)} \right)^2. \qquad (3.25)$$

3.4　模型参数求解

在重构相空间过程中有两个参数需要确定: 时间延迟和嵌入维数. 在 3.3 节中, 我们介绍了使用矩阵形式的关联函数预测多维耦合混沌时间序列的机制. 预测机制中嵌入维数被设定等于状态空间的维数, 所以机制中仅需要确定合适的时间延迟来实现未知数据的预测. 在预测过程中采用遍历算法、人工智能算法, 如粒子群优化算法[115,116]、遗传算法[117,118] 等, 来求解参数实现目标函数的优化.

3.4.1　遍历算法

对于低维时间序列, 遍历算法可以既快又准确地求解出最优时间延迟. 这里低维时间序列是指观测变量是二维或者三维时间序列.

假设观测序列是二维的, 记观测变量为 $\langle y_j \rangle$, $\langle z_k \rangle$, 对应相空间重构需要的时间延迟分别为 τ_1 和 τ_2. 记观测变量的长度为 N, 预测点的个数为 K. τ_1, τ_2 取值范围由 $\tau_{\min}$ 到 $\tau_{\max}$. 在预测机制中我们不仅要最小化预测误差, 还要最大化预测值与真实值之间的关联性. 所以我们定义目标函数为

$$F(y_j, z_k, \tau_1, \tau_2) = \frac{\mathrm{Corr}(y_j, \hat{y}_j)}{\mathrm{Error}(y_j)} + \frac{\mathrm{Corr}(z_k, \hat{z}_k)}{\mathrm{Error}(z_k)}, \tag{3.26}$$

这里, $\mathrm{Corr}(y_j, \hat{y}_j)$ 表示真实值 y_j 与预测值 $\hat{y}_j$ 之间的相关系数, $\mathrm{Error}(y_j)$ 是指预测误差, 此处我们采用公式 (3.13) 对应的平均绝对误差 (MAE) 为预测误差. 三维情况的目标函数可以类似地定义. 然后, 时间延迟参数从 $\tau_{\min}$ 遍历至 $\tau_{\max}$ 来寻找目标函数的最大值. 我们可以通过训练集获取最佳时间延迟, 然后在测试集上通过关联函数预测未知数据.

如果观测变量的维数大于 3, 遍历算法求解预测需要的最佳参数就十分耗时. 因此, 智能算法包括粒子群优化算法 (PSO) 或者遗传算法 (GA) 被用来尝试求解预测需要的最佳时间延迟.

3.4.2　粒子群优化算法

粒子群优化 (PSO) 算法是由 Kennedy 和 Eberhart 于 1995 年提出的一种优化连续非线性函数的方法[119]. 粒子群优化算法的基本思想来源于鸟群或鱼群随机寻食的过程. 鸟群 (粒子) 根据自身的经验 (局部最优) 和群体的交流 (全局最优) 调整搜索方向和速度来搜索食物 (位置). 在搜索过程中, 鸟类或鱼类被视为粒子, 第 i 个粒子的位置和速度分别定义为 $X^i = (x_1^i, x_2^i, \cdots, x_d^i)$, $V^i = (v_1^i, v_2^i, \cdots, v_d^i)$, 这里 d 是变量维数. 位置和速度的更新公式为

$$\begin{cases} x_j^i(t+1) = x_j^i(t) + v_j^i(t+1), \\ v_j^i(t+1) = w v_j^i(t) + C_1 r_1 (p_j^i(t) - x_j^i(t)) + C_2 r_2 (g_j(t) - x_j^i(t)), \end{cases} \tag{3.27}$$

这里, t 代表迭代步数; x_j^i 表示第 i 个粒子的位置坐标中的第 j 个元素; v_j^i 是第 i 个粒子的速度坐标中的第 j 个元素; w 是取值在 0 到 1 之间的惯性权重; C_1 和 C_2 分别是个体学习因子和种群学习因子; r_1 和 r_2 是 0 到 1 之间的随机数; p_j^i 是第 i 个个体历史最佳位置的第 j 个元素; g_j 是全局最优解的第 j 个元素. 第 i 个粒子位置坐标的更新依赖于粒子前一刻的速度 (惯性项)、当前速度、个体最佳位置, 以及全局最佳位置.

图 3.7 展示了 PSO 算法中粒子位置的更新过程. 粒子根据自身速度的惯性, 结合个体 (局部) 历史最佳位置信息和种群 (全局) 历史最佳位置信息调整下一步的位置. 应用 PSO 算法到我们的问题中, 我们希望寻找合适的时间延迟参数使得目标函数取得最大值, 这里目标函数 F 定义为

$$F = \frac{1}{d} \sum_{j=1}^{d} \frac{\mathrm{Corr}(y_j, \hat{y}_j)}{\mathrm{Error}(y_j)}, \tag{3.28}$$

其中, y_j 是第 j 个观测信号的真实值, $\hat{y}_j$ 是预测值, d 是观测变量的维数. 所以算法的目的是寻找参数 $\tau = (\tau_1, \tau_2, \cdots, \tau_d)$ 使得目标函数 F 取得最大值. 用粒子群优化算法求解最优参数的过程如下 (流程图见图 3.8).

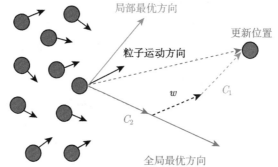

图 3.7　粒子位置更新过程. w 是惯性权重因子, C_1 和 C_2 分别是
个体学习因子和社会学习因子

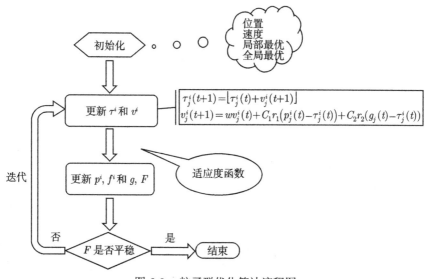

图 3.8　粒子群优化算法流程图

第一步: 初始化种群. 设初始种群个数为 M. M 的取值依赖于时间延迟的范围 $[\tau_{\min}, \tau_{\max}]$, 这里 $\tau_{\min} = 1$, $\tau_{\max}$ 取值依赖于数据集的性质. 应用举例中 Lorenz 系统对应的 $\tau_{\max} = 20$, 应力-应变信号和股票价格预测例子中对应的 $\tau_{\max} = 100$. M 从 $[1, N]$ 中取值, 其中 N 是 $[\tau_{\min}, \tau_{\max}]$ 内时间延迟的个数. 种群尺寸较小时可以减少一步搜索的时间, 但是会增加搜索步数; 种群尺寸太大会增加一步预测时间, 但可以减少搜索步数. 因此, 我们选取适中的初始种群尺寸 $M = 10$. 初始种群中 M 个个体的位置和速度信息初始化为

$$\begin{cases} \tau^1 = (\tau_1^1, \tau_2^1, \cdots, \tau_d^1), \\ \tau^2 = (\tau_1^2, \tau_2^2, \cdots, \tau_d^2), \\ \qquad \cdots\cdots \\ \tau^M = (\tau_1^M, \tau_2^M, \cdots, \tau_d^M), \end{cases} \quad \begin{cases} V^1 = (v_1^1, v_2^1, \cdots, v_d^1), \\ V^2 = (v_1^2, v_2^2, \cdots, v_d^2), \\ \qquad \cdots\cdots \\ V^M = (v_1^M, v_2^M, \cdots, v_d^M), \end{cases}$$

这里 τ_j^i 随机取 $\tau_{\min}$ 到 $\tau_{\max}$ 之间的整数, v_j^i 取值为 0 到 1 之间的随机数.

第二步: 初始化局部最优值 $P_{\text{best}}(i)$ 和全局最优值 G_{best}. 计算每一个粒子对应的目标函数值 $F(X^i, \tau^i)$, 将粒子当前的位置坐标记为个体最优位置 $P^i = (\tau_1^i, \tau_2^i, \cdots, \tau_d^i)$, 对应的目标函数值记为 $P_{\text{best}}(i) = F(X^i, \tau^i)$. 假设 $\{P_{\text{best}}(i), i = 1, 2, \cdots, M\}$ 的最大值是 $P_{\text{best}}(j)$, 那么 $P_{\text{best}}(j)$ 就是全局最优值, 将其赋值给 G_{best}, 并将对应的坐标位置 P^j 赋值给 g.

第三步: 迭代与更新.

(1) 更新速度与位置坐标. 在我们的模型中位置坐标 τ_j^i 取值是整数, 所以这里位置更新公式应不同于公式 (3.27). 根据 PSO 算法的原理, 我们可以取整数部分来更新位置, 那么在我们的模型中, 位置和速度的更新为

$$\begin{cases} \tau_j^i(t+1) = \lfloor (\tau_j^i(t) + v_j^i(t+1)) \rfloor, \\ v_j^i(t+1) = w v_j^i(t) + C_1 r_1(p_j^i(t) - \tau_j^i(t)) + C_2 r_2(g_j(t) - \tau_j^i(t)), \end{cases} \tag{3.29}$$

这里 $\lfloor * \rfloor$ 表示取 $*$ 的整数部分.

(2) 计算新位置坐标下的目标函数值.

(3) 更新局部最优和全局最优. 比较新计算的目标函数值与个体历史最优值 $P_{\text{best}}(i)$. 如果第 i 个新坐标下的目标函数值大于 $P_{\text{best}}(i)$, 就用新的位置坐标信息替换 P^i, 较大的目标函数值替换 $P_{\text{best}}(i)$. 找出种群所有个体新目标函数值的最大值并与 G_{best} 做比较, 决定是否替换全局最优值 G_{best} 和最佳位置 g.

(4) 返回 (1) 继续更新速度与位置坐标.

(5) 当全局最优值的演化平稳结束迭代, 取得最优参数.

以求解函数 $f(x) = x.*\sin(x).*\cos(2*x) - 2*x.*\sin(3*x)$ 在 $x \in [0, 20]$ 内的最大值为例. 粒子群优化算法的 MATLAB 计算代码如下:

```
clc;clear;close all;
f=@(x)x.*sin(x).*cos(2*x)-2*x.*sin(3*x); % 函数表达式
figure(1);
ezplot(f,[0,20]);% ezplot: 画一元符号变量函数的图像
hold on
%%%%%%%%%%%%%%%%% 参数设置
N=50; % 初始种群个数
d=1; % 空间维数
ger=100; % 最大迭代次数
limit=[0,20]; % 设置参数限制
vlimit=[-1,1]; % 设置速度限制
w=0.8; % 惯性权重
c1=0.5; % 个体学习因子
c2=0.5; % 社会学习因子
%%%%%%%%%%%%%%%%%%%% 初始化种群
for i=1:d
        x=limit(i,1)+(limit(i,2)-limit(i,1))*rand(N,d);% 初始种群的位置
end
v=rand(N,d); % 初始种群的速度
xm=x; % 初始每个'' 个体'' 的历史最佳位置
ym=zeros(1, d); % 初始'' 种群'' 的历史最佳位置
fxm=zeros(N, 1); % 初始每个个体的历史最佳适应度
fym=-inf; % 初始种群历史最佳适应度
plot(xm, f(xm), 'ro'); % 初始状态图
title('initial state');
%%%%%%%%%%%%%%%%%%%% 群体更新
figure(2)
iter=1;
record=zeros(ger,1); % 记录器
while iter<=ger
        fx=f(x); % 个体当前适应度
        for i=1:N
            if fxm(i)<fx(i)
                fxm(i)=fx(i); % 更新个体历史最佳适应度
                xm(i,:)=x(i,:); % 更新个体历史最佳位置
```

```
              end
          end
if fym<max(fxm) % fxm 是 N 行 1 列矩阵, fym 是数值
          [fym,nmax]=max(fxm); % 更新群体历史最佳适应度
          ym=xm(nmax,:); % 更新群体历史最佳位置
end
record(iter)=fym; % 最大值记录
%%%%%%%%%%%%%%%%%%%% 速度更新
v=v*w+c1*rand*(xm-x)+c2*rand*(repmat(ym,N,1)-x);
%%%%%%%% 边界速度处理
v(v>vlimit(2))=vlimit(2); v(v<vlimit(1))=vlimit(1);
x=x+v;% 位置更新
%%%%%%%% 边界位置处理
x(x>limit(2))=limit(2); x(x<limit(1))=limit(1);
%%%%%%%%%%% 可视化迭代过程
x0=0:0.01:20;
plot(x0,f(x0),'b-',x,f(x),'ro');
title('the changes of the state')
pause(0.1)
iter=iter+1;
end
%%%%%%%%%%%%%%%%%%%%%%%%% 收敛性
figure(3)
plot(record);
title('the Convergence Process')
%%%%%%%%%%%%%%%%%%%%%%%%%% 最终状态
x0=0:0.01:20;
figure(4)
plot(x0,f(x0),'b-',x,f(x),'ro');
title('The finial state')
disp(['the maximun:',num2str(fym)]);
disp(['the best position:',num2str(ym)]);
```

3.4.3 遗传算法

遗传算法是一种元启发式算法, 是根据大自然中生物进化规律提出来的, 属于进化算法这一大类. 算法中包括三种基本算子: 选择, 交叉, 变异.

选择算子的目的是定义一种规则来选择个体作为父母. 被选择的个体将通过交叉算子和变异算子产生下一代, 即发生变量的变化. 这里我们选用了轮盘赌策略来选择个体[120]. 第 k 个个体的选择概率为

$$p_k = \frac{f(y_k)}{\sum\limits_{j=1}^{M} f(y_j)}, \tag{3.30}$$

这里 f 是适应度函数, M 是个体总数. 接下来定义累计概率为 $PP_i = \sum_{k=1}^{i} p_k$, 当 $PP_{i-1} \leqslant r \leqslant PP_i$ 时, 第 i 个个体被选中. (注: r 是 0 到 1 之间的一个随机数.)

交叉算子的原理是通过交换所选两个个体的固定位置的二进制序列来更新变量. 比如, 所选的两个个体分别是 A 和 B, 假定固定位置是二进制序列中的第三个数 (在计算过程中, 这个固定位置是随机选择的), 当发生交叉之后, A 和 B 就变成了 $\overline{A}$ 和 $\overline{B}$.

$$
\begin{array}{c}
A \\
B
\end{array}
\begin{pmatrix}
1 & 2 & 3 & 4 & 5 \\
0 & 1 & 0 & 1 & 1 \\
1 & 0 & 1 & 1 & 0
\end{pmatrix}
\longmapsto
\begin{array}{c}
\overline{A} \\
\overline{B}
\end{array}
\begin{pmatrix}
1 & 2 & 3 & 4 & 5 \\
0 & 1 & 1 & 1 & 0 \\
1 & 0 & 0 & 1 & 1
\end{pmatrix}.
$$

变异算子通过在随机选定的位置上将二进制代码从零变为一或从一变为零来实现更新变量. 比如, 二进制变量 C 在第二位置和第四位置发生变异, 变量由 C 变成了 $\overline{C}$.

$$
C
\begin{pmatrix}
1 & 2 & 3 & 4 & 5 \\
1 & 0 & 1 & 1 & 1
\end{pmatrix}
\longmapsto
\overline{C}
\begin{pmatrix}
1 & 2 & 3 & 4 & 5 \\
1 & 1 & 1 & 0 & 1
\end{pmatrix}.
$$

由于遗传算法的三个算子都是作用在二进制变量上, 所以在我们的模型中变量首先要转化到二进制上, 即取值 $\tau_{\min}$ 到 $\tau_{\max}$ 之间的时间延迟 τ_j^i 首先被转化成二进制变量. 然后遗传算法被用来寻找合适的参数使得目标函数 F 取得最大值. 由选择算子的原理可知, 适应度函数值越大, 个体被选择的概率越大. 我们设计目标函数的较大值对应个体被选择的高概率事件, 这样概率低的个体就被移出. 所以形如公式 (3.28) 的目标函数可以作为适应度函数. 最佳时间延迟参数值就可以通过最大化适应度函数获得. 遗传算法求解最优参数的过程如下 (流程图见图 3.9).

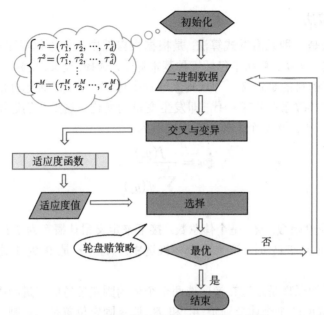

图 3.9　遗传算法求解最优参数的流程图

第一步: 初始化种群. 设初始种群的个数为 M (M 的取值依赖于时间延迟的取值范围), 初始化这 M 个个体为

$$\{\tau^1, \tau^2, \cdots, \tau^M\},$$

其中, $\tau^i = (\tau_1^i, \tau_2^i, \cdots, \tau_d^i), i = 1, 2, \cdots, M$, 且 τ_j^i 随机从 $\tau_{\min}$ 到 $\tau_{\max}$ 取值.

第二步: 将变量转化成二进制变量, 即将所有的 $\{\tau_j^i\}$ 转化成二进制.

第三步: 计算与迭代.

(1) 计算初始状态的适应度函数值. 先将二进制序列转化成十进制数, 然后通过公式 (3.28) 求解适应度函数值.

(2) 通过交叉和变异算子更新变量. 在应用举例中, 交叉算子执行的概率 P_c 等于 0.9, 变异发生的概率 P_m 等于 0.05.

(3) 计算各个更新变量的适应度函数值. 交叉、变异后的二进制序列先转换成十进制数然后再计算适应度函数值.

(4) 选择个体. 通过选择算子, 具有较大适应度函数值的个体被选择, 较小适应度函数值对应的个体被移除.

(5) 返回 (2), 通过交叉算子和变异算子继续更新种群.

(6) 重复上述过程直到适应度函数平稳地趋于最大值, 迭代结束, 取得最优参数.

以求解函数 $f(x) = x*\sin(x)*\cos(2*x) - 2*x*\sin(3*x)$ 在 $x \in [0, 20]$ 内的最大值为例. 遗传算法的 MATLAB 计算代码如下, 其中选择策略采用轮盘赌策略.

```
clc;clear;
% 待优化的目标函数: fitness
% 自变量下界: a
% 自变量上界: b
% 种群个体数: NP
% 最大进化代数: NG
% 杂交概率: Pc
% 变异概率: Pm
% 自变量离散精度: eps
NP=15;NG=100;q=0.1;
Pc=0.9; Pm=0.05;
L=ceil(log2((b-a)/eps+1));% 根据离散精度, 确定二进制编码所需的码长
x=zeros(NP,L);% NP: 种群个体数, L: 码长
%%%% 初始化
for i=1:NP
        x(i,:)=Initial(L); % 初始化种群二进制
        De(i,1)=Dec(a,b,x(i,:),L); % 二进制转化成十进制
        fx(i,1)=fitness(De(i,:)); % 个体适应值
end
for k=1:NG
        sumfx=sum(fx); % 所有个体适应值之和
        Px=fx/sumfx; % 所有个体适应值的平均值
        PPx=0; PPx(1)=Px(1);
        for i=2:NP % 用于轮盘赌策略的概率累加
            PPx(i)=PPx(i-1)+Px(i);
        end
        for i=1:NP
            sita=rand();
            for n=1:NP
                if sita<=PPx(n)
                    SelFather=n; % 根据轮盘赌策略确定的父亲
                    break;
                end
            end
Selmother=floor(rand()*(NP-1))+1; % 随机选择母亲
        posCut=floor(rand()*(L-2))+1; % 随机确定交叉点
```

```
            r1=rand();
            if r1<=Pc % 交叉
                nx(i,1:posCut)=x(SelFather,1:posCut);
                nx(i,(posCut+1):L)=x(Selmother,(posCut+1):L);
                r2=rand();
                if r2<=Pm % 变异
                    posMut=round(rand()*(L-1)+1);
                    nx(i,posMut)= nx(i,posMut);
                end
            else
                nx(i,:)=x(SelFather,:);
            end
        end
        x=nx;
        for i=1:NP
            fx(i)=fitness(Dec(a,b,x(i,:),L)); % 子代适应值
        end
end
fv=-inf;
for i=1:NP
        fitx=fitness(Dec(a,b,x(i,:),L));
        if fitx>fv
        fv=fitx; % 取个体中的最好值作为最终结果
        xv=Dec(a,b,x(i,:),L);

        end
end
%%%%%%%%%%%%%%%%%%%%%%%%%% 初始化函数
function result=Initial(length)
        for i=1:length
            r=rand();
result(i)=round(r);% 朝最近方向取整
        end
end
%%%%%%%%%%%%%%%%%%%%%%%%%%% 二进制转十进制函数
function y=Dec(a,b,x,L)
        base=2^((L-1):-1:0);% 例如 base=(4,2,1)
        y=dot(base,x);% y 等于 base 与 x 的内积，将二进制转化成十进制
        y=a+y*(b-a)/(2^(L-1));
```

```
end
%%%%%%%%%%%%%%%%%%%%%%%%% 适应度函数
function F=fitness(x)
F=x.*sin(x).*cos(2*x)-2*x.*sin(3*x);
end
```

第 4 章　数据中隐含的动力学模型提取

数据驱动的动力学问题几乎渗透到现代科学的所有方面, 在工业[81,157]、农业[83]、经济[158,159]、气象学[78,80,160]、流行病学[85,143] 等学科中都有广泛的应用. 从数据中挖掘出系统的本质信息保证了科学发现的可预测性, 并且为将来改进科学预测方法提供了机遇[91].

从数据中探索、发现科学问题, 建立数学模型的最好例子莫过于开普勒和牛顿关于行星运动定律的科学发现. 开普勒当时拥有著名丹麦天文学家第谷 · 布拉赫留下的近 20 年所观察和收集的非常精确的天文资料, 他先后经过近二十年的辛苦计算、分析研究, 发现了行星按照椭圆轨道运行, 并提出了行星运动的开普勒三大定律, 为牛顿发现万有引力打下了基础. 然而, 开普勒定律没有解释产生行星轨道的基本动力学关系, 也没有为天体受到扰动时的反应提供一个模型. 牛顿则发现了动量和能量之间的动态关系, 描述了椭圆轨道的基本过程. 这种动态模型可以推广到没有数据收集情况下的预测. 牛顿的模型在工程设计中已经被证实是非常可靠的, 它使得航天器在月球上着陆成为可能, 而这仅仅使用开普勒的模型是不可能实现的.

从数据中提取控制方程是科学和工程中许多不同领域面临的主要挑战. 例如, 在气候科学、神经科学、生态学、金融学以及流行病学中数据是十分丰富的, 然而确定性系统的模型通常难以捉摸. 近年来, 随着机器学习[161] 和数据科学[162] 的发展, 复杂数据的研究迎来复兴, 促进人们能够从无法掌控的大量多模态数据中提取范式. 然而, 尽管基于统计关系理解静态数据的工具发展迅速, 但从大数据中提取动态过程的物理模型的工作进展缓慢, 这限制了数据科学模型在采样与构造的吸引子之外进行动态推断的能力.

Bongard, Schmidt 和 Lipson 提出了一种从数据中确立非线性动力系统潜在结构以及守恒律的新方法[163,164]. 其主要思想是通过比较数据的数值型微分与候选函数的解析型导数, 并用符号回归和进化算法来确定非线性动力系统. 这种新方法利用符号回归来寻找非线性微分方程, 并且平衡了模型的复杂性 (以模型的项数衡量) 与模型的准确性. 由此产生的模型识别实现了物理和工程界长期追求的从数据中发现动力系统的目标. 然而, 符号回归方法不能很好地扩展到大规模动态系统中, 而且容易出现过度拟合, 除非明确地平衡模型复杂性和预测能力.

Brunton 等[165] 利用稀疏表达[166,167] 和压缩传感[168-172] 的思想处理动力学模型提取问题. 特别地, 根据大多数物理系统在动力学中只有少数非线性项的事实, 设定方程的右侧在高维非线性函数空间中是稀疏的. 运用简单函数构建未知方程中可能出现的基函数库和导函数项 (或偏导函数项), 然后利用稀疏推进技术的优势选取合适的系数项尽可能准确地表达数据. 如果不使用压缩传感和稀疏表达, 为确定非线性系统中少数的非零项将涉及组合问题的暴力搜索方法, 这意味着这种方法将不适用大尺度问题. 而利用压缩传感和稀疏表达方法求解的非线性识别模型在本质上平衡了模型的复杂性与精度 (由于右端项的稀疏性). 另外, 凸优化算法保证了稀疏识别方法可以适用于大尺度问题. 稀疏识别算法[165] 在动力学机制探索上的优势可以用来研究 "黑匣子" 模型的具体形式. 北京大学董彬教授课题组从深度学习理念出发, 借助前馈神经网络结构设计了从数据中提取偏微分方程的 PDE-NET 方法[173,174]. 还有一些其他方法来研究动力学模型提取问题, 比如经验动力学模型[175,176]、自动推断动力学模型[177] 等.

随着大数据科学与机器学习的迅速发展, 人工智能算法与神经网络算法的改进与应用迎来新一轮热潮. 长短时记忆网络、基于注意力机制的循环神经网络等先进的机器学习算法在回归问题与分类问题上有独特的优势, 然而在物理机制的提取问题上的应用还很匮乏. 神经网络结构中的 "黑匣子" 问题限制了对动力学演化机制的探索, 而稀疏识别算法在动力学机制探索上的优势可以用来研究 "黑匣子" 模型的具体形式.

4.1 导函数逼近

在实际应用中, 通常因变量空间 X 是易获得的, 而导函数空间 $\dot{X}$ 缺少度量, 这就需要利用变量 X 数值近似求解导函数. 这里我们介绍两种导函数空间逼近的方法: 四阶中心差分法和延迟重构相空间法.

4.1.1 四阶中心差分法

为了推导四阶中心差分公式, 我们需要结合连续函数的四阶泰勒展开式,

$$
\begin{aligned}
f_{i+2} &= f(x_i + 2h) \\
&= f_i + (2h)f_i' + \frac{1}{2}(2h)^2 f_i'' + \frac{1}{6}(2h)^3 f_i''' + \frac{1}{24}(2h)^4 f_i^{(4)} + \frac{1}{120}(2h)^5 f_i^{(5)}(c_1),
\end{aligned}
$$

$$
\begin{aligned}
f_{i+1} &= f(x_i + h) \\
&= f_i + (h)f_i' + \frac{1}{2}(h)^2 f_i'' + \frac{1}{6}(h)^3 f_i''' + \frac{1}{24}(h)^4 f_i^{(4)} + \frac{1}{120}(h)^5 f_i^{(5)}(c_2),
\end{aligned}
$$

$$f_{i-1} = f(x_i - h)$$
$$= f_i + (-h)f_i' + \frac{1}{2}(-h)^2 f_i'' + \frac{1}{6}(-h)^3 f_i''' + \frac{1}{24}(-h)^4 f_i^{(4)} + \frac{1}{120}(-h)^5 f_i^{(5)}(c_3),$$
$$f_{i-2} = f(x_i - 2h)$$
$$= f_i + (-2h)f_i' + \frac{1}{2}(-2h)^2 f_i'' + \frac{1}{6}(-2h)^3 f_i''' + \frac{1}{24}(-2h)^4 f_i^{(4)}$$
$$+ \frac{1}{120}(-2h)^5 f_i^{(5)}(c_4).$$

简化方程得

$$f_{i+2} = f_i + 2hf_i' + 2h^2 f_i'' + \frac{4}{3}h^3 f_i''' + \frac{2}{3}h^4 f_i^{(4)} + \frac{4}{15}h^5 f_i^{(5)}(c_1), \tag{4.1}$$

$$f_{i+1} = f_i + hf_i' + \frac{1}{2}h^2 f_i'' + \frac{1}{6}h^3 f_i''' + \frac{1}{24}h^4 f_i^{(4)} + \frac{1}{120}h^5 f_i^{(5)}(c_2), \tag{4.2}$$

$$f_{i-1} = f_i - hf_i' + \frac{1}{2}h^2 f_i'' - \frac{1}{6}h^3 f_i''' + \frac{1}{24}h^4 f_i^{(4)} - \frac{1}{120}h^5 f_i^{(5)}(c_3), \tag{4.3}$$

$$f_{i-2} = f_i - 2hf_i' + 2h^2 f_i'' - \frac{4}{3}h^3 f_i''' + \frac{2}{3}h^4 f_i^{(4)} - \frac{4}{15}h^5 f_i^{(5)}(c_4). \tag{4.4}$$

通过计算 $-(4.1)+8\times(4.2)-8\times(4.3)+(4.4)$ 保留 f_i', 消去 f_i'', f_i''', $f_i^{(4)}$, $f_i^{(5)}$ 得

$$f_i' = \frac{-f_{i+2} + 8f_{i+1} - 8f_{i-1} + f_{i-2}}{12h}. \tag{4.5}$$

公式 (4.5) 即为四阶中心差分公式. 记 t_i 时刻的状态变量为

$$X(t_i) = (x_1(t_i), x_2(t_i), \cdots, x_n(t_i)),$$

那么其数值近似导函数为

$$\dot{X}(t_i) = \frac{-X(t_{i+2}) + 8X(t_{i+1}) - 8X(t_{i-1}) + X(t_{i-2})}{12h}, \quad 3 \leqslant i \leqslant m - 2, \tag{4.6}$$

这里 h 是平均样本采样时间.

4.1.2　延迟重构相空间法

对于一维观测变量 $\boldsymbol{y} = (y(t_1), y(t_2), \cdots, y(t_m))$, 虽然我们可以利用四阶中心差分方法求解数值型导函数序列, 但对于物理机制控制方程的提取而言, 系统维数等于 1 显然不合理. 为了探索观测变量 $\boldsymbol{y}$ 所在空间的轨道动力学演化就需要重构相空间. 根据 Takens 嵌入定理, 一维观测信号 $\boldsymbol{y}$ 可以利用延迟坐标技术嵌入

到高维空间 Y 中,

$$
Y = \begin{pmatrix}
y(t_1) & y(t_{1+\tau}) & y(t_{1+2\tau}) & \cdots & y(t_{1+(n-1)\tau}) \\
y(t_2) & y(t_{2+\tau}) & y(t_{2+2\tau}) & \cdots & y(t_{2+(n-1)\tau}) \\
\vdots & \vdots & \vdots & & \vdots \\
y(t_{m-(n-1)\tau}) & y(t_{m-(n-2)\tau}) & y(t_{m-(n-3)\tau}) & \cdots & y(t_m)
\end{pmatrix}, \quad (4.7)
$$

这里 τ 是时间延迟, 通常由互信息法求解; n 是嵌入维数, 通常由 Cao 方法求解; τ 和 n 取值都是正整数. 通过相空间重构, 一维观测变量就嵌入到了 n 维相空间中. 由嵌入定理可知, 重构相空间的轨道演化与原始空间的轨道动力学拓扑等价. 从重构相空间 Y 的结构来看, 空间 Y 的列与列之间是差分形式. 对 Y 作奇异值分解,

$$
Y = \Psi \Sigma V^*.
$$

我们可以将矩阵 V 的列看作是分层的特征时间序列, 并且矩阵 V 的前 k 列对应前 k 个占主导的特征时间序列. 记前 k 个主导的特征时间序列为 $(v_1, v_2, \cdots, v_k)$. 接下来可以利用这些系统主导的特征时间序列作为状态变量提取系统的控制方程. 利用四阶中心差分对特征时间序列求导可得 $(\dot{v}_1, \dot{v}_2, \cdots, \dot{v}_k)$. 这样导函数空间就从一维空间升到了 k 维空间.

4.1.3 滤波算子

对于滤波器 $q[k], k \in \mathbb{Z}^2$, 令 $\hat{q}(\omega) = \sum_{k \in \mathbb{Z}^2} q[k] e^{-ik\omega}$, 定义求和规则的阶如下.

定义 4.1 称滤波器 q 有求和规则的阶 $\alpha = (\alpha_1, \alpha_2) \in \mathbb{Z}_+^2$, 如果对所有 $\beta \in \mathbb{Z}_+^2, |\beta| < |\alpha|$ 或者对所有的 $\beta \in \mathbb{Z}_+^2, |\beta| = |\alpha|, \beta \neq \alpha$ 有

$$
\sum_{k \in \mathbb{Z}^2} k^\beta q[k] = i^{|\beta|} \frac{\partial^\beta}{\partial \omega^\beta} \hat{q}(\omega) \bigg|_{\omega=0} = 0 \quad (4.8)
$$

成立; 若对除 $\beta = \beta_0 \in \mathbb{Z}_+^2, |\beta_0| = J < K$ 外, 所有的 $\beta \in \mathbb{Z}_+^2, |\beta| < K$ 有公式 (4.8) 成立, 则称滤波器 q 有总求和规则阶数 $K\backslash\{J+1\}$.

下面举两个例子使我们更好地理解这个概念.

例 4.1 令 $\hat{q}_1(\omega) = e^{-i\omega_1} - e^{i\omega_1}$, 则有

$$
\hat{q}_1(0) = 0, \quad \frac{\partial}{\partial \omega_1} \hat{q}_1(0) = -2i \neq 0, \quad \frac{\partial}{\partial \omega_2} \hat{q}_1(0) = 0.
$$

所以 $\hat{q}_1(\omega)$ 有 $\alpha = (1, 0)$ 求和规则的阶. 另外,

$$
\frac{\partial^2}{\partial \omega_1^2} \hat{q}_1(0) = 0, \quad \frac{\partial^2}{\partial \omega_1 \partial \omega_2} \hat{q}_1(0) = 0, \quad \frac{\partial^2}{\partial \omega_2^2} \hat{q}_1(0) = 0.
$$

所以 q_1 有 $3\backslash\{|(1,0)|+1\}$, 即 $3\backslash\{2\}$ 总求和规则的阶. 因为

$$\frac{\partial^3}{\partial\omega_1^3}\hat{q}_1(0) = 2i \neq 0,$$

所以 q_1 总求和规则的阶不是 $4\backslash\{2\}$.

例 4.2　令 $\hat{q}_2(\omega) = (e^{i\omega_1} - e^{-i\omega_1})(1 - e^{-i\omega_2})^2$, 有

$$\frac{\partial^\beta}{\partial\omega^\beta}\hat{q}_2(0) = 0, \quad \text{其中} \ |\beta| < 3, \beta = (3,0),(2,1),(0,3),$$

且 $\frac{\partial^3}{\partial\omega_1\partial\omega_2^2}\hat{q}_2(0) = -4i$, 所以 $\hat{q}_2(\omega)$ 有 $\alpha = (1,2)$ 求和规则的阶, 因为

$$\frac{\partial^4}{\partial\omega_1\partial\omega_2^3}\hat{q}_2(0) = -4,$$

所以 $\hat{q}_2(\omega)$ 有 $4\backslash\{4\}$ 总求和规则的阶.

定理 4.1 [173,174]　设 q 是具有求和规则 $\alpha \in \mathbb{Z}_+^2$ 的滤波器, 那么对于定义在 $\mathbb{R}^2$ 上的光滑函数 $F(x)$, 当 $\varepsilon \to 0$ 时, 有

$$\frac{1}{\varepsilon^{|\alpha|}}\sum_{k\in\mathbb{R}^2}q[k]F(x+\varepsilon k) = C_\alpha\frac{\partial^\alpha}{\partial x^\alpha}F(x) + O(\varepsilon), \tag{4.9}$$

这里

$$C_\alpha = \frac{1}{\alpha!}\sum_{k\in\mathbb{R}^2}k^\alpha q[k].$$

另外, 如果 q 具有总求和规则的阶 $K\backslash\{|\alpha|+1\}$, 那么对 $K > |\alpha|$, 当 $\varepsilon \to 0$ 时, 有

$$\frac{1}{\varepsilon^{|\alpha|}}\sum_{k\in\mathbb{R}^2}q[k]F(x+\varepsilon k) = C_\alpha\frac{\partial^\alpha}{\partial x^\alpha}F(x) + O(\varepsilon^{K-|\alpha|}). \tag{4.10}$$

由定理 4.1 可知, α 阶的微分算子可以由 α 求和规则阶的滤波器通过卷积近似. 公式 (4.10) 表明, 当滤波器具有 $K\backslash\{|\alpha|+1\}$ 总求和规则的阶时, 微分算子可以被 $K - |\alpha|$ 阶近似. 比如, 例 4.1 中的滤波器 $\hat{q}_1$ 能够 $K - |\alpha| = 2$ 阶近似 $\partial/\partial x$, 例 4.2 中的滤波器 $\hat{q}_2$ 能够 $K - |\alpha| = 1$ 阶近似 $\partial^2/\partial x\partial y^2$.

4.2　稀疏识别算法对模型的提取

在很多回归问题中, 模型里仅有几项是重要的, 这在研究背景上保证了稀疏特征提取机制的有效性. 例如, 对于观测数据 $y \in \mathbb{R}^m$, 它可能是特征库 $\Theta \in \mathbb{R}^{m\times p}$ 中几列的线性组合, 组合系数由矩阵 $\xi \in \mathbb{R}^p$ 给出, 所以有

$$y = \Theta\xi. \tag{4.11}$$

利用标准回归方法求解 ξ 将得到每个元素有非零贡献的解. 然而, 如果 ξ 是我们希望得到的稀疏解, 也就是说 ξ 中大多数元素为零, 则需要在回归中添加 L^1 正则化项, 即拉索回归 (LASSO) 模型.

$$\xi = \operatorname{argmin}_{\xi'} \|\Theta\xi' - y\|_2 + \lambda\|\xi'\|_1, \tag{4.12}$$

这里 λ 是稀疏约束的权重项. 利用压缩传感框架, ξ 可以通过相对较少的不相关随机变量确定. 方程 (4.11) 的稀疏解 ξ 也可以用到稀疏分类机制中. 值得注意的是, 不同于组合项的暴力搜索算法, 无论是压缩传感还是稀疏表达算法都是凸优化, 可以适定于大尺度问题.

在本章中我们希望从数值模拟数据或者实验数据中提取潜在的物理机制控制方程. 对于一般的非线性动力系统,

$$\dot{x}(t) = f(x(t)), \tag{4.13}$$

这里向量 $x(t) = (x_1(t), x_2(t), \cdots, x_n(t))^{\mathrm{T}} \in \mathbb{R}^n$ 是系统在时刻 t 的状态变量, 非线性函数 $f(x(t))$ 表示动力学约束下系统的运动方程. 在大多数系统中, 非线性函数 f 仅有几项组成, 所以在相应的函数空间中具有稀疏性. 例如, 在 Lorenz 系统中, 非线性函数仅含有多项式函数中的几项.

为了利用数据确定函数 f, 我们需要收集状态变量 $x(t)$ 的历史数据以及导数项 $\dot{x}(t)$ 测量值的历史数据 (或者用状态变量 $x(t)$ 数值近似表达). 设样本采样时间为 $t_1, t_2, \cdots, t_m$, 则状态变量空间为

$$X = \begin{pmatrix} x^{\mathrm{T}}(t_1) \\ x^{\mathrm{T}}(t_2) \\ \vdots \\ x^{\mathrm{T}}(t_m) \end{pmatrix} = \begin{pmatrix} x_1(t_1) & x_2(t_1) & \cdots & x_n(t_1) \\ x_1(t_2) & x_2(t_2) & \cdots & x_n(t_2) \\ \vdots & \vdots & & \vdots \\ x_1(t_m) & x_2(t_m) & \cdots & x_n(t_m) \end{pmatrix}, \tag{4.14}$$

导函数空间为

$$\dot{X} = \begin{pmatrix} \dot{x}^{\mathrm{T}}(t_1) \\ \dot{x}^{\mathrm{T}}(t_2) \\ \vdots \\ \dot{x}^{\mathrm{T}}(t_m) \end{pmatrix} = \begin{pmatrix} \dot{x}_1(t_1) & \dot{x}_2(t_1) & \cdots & \dot{x}_n(t_1) \\ \dot{x}_1(t_2) & \dot{x}_2(t_2) & \cdots & \dot{x}_n(t_2) \\ \vdots & \vdots & & \vdots \\ \dot{x}_1(t_m) & \dot{x}_2(t_m) & \cdots & \dot{x}_n(t_m) \end{pmatrix}. \tag{4.15}$$

下一步我们构造基函数库 $\Theta(X)$, 基函数库由状态空间的每一列合成非线性候选

函数. 例如, 基函数库可以由常数项、多项式函数项以及三角函数项构成,

$$
\Theta(X) = \begin{pmatrix} | & | & | & | & & | & | & | & | \\ 1 & X & X^{P_2} & X^{P_3} & \cdots & \sin(X) & \cos(X) & \sin(2X) & \cos(2X) & \cdots \\ | & | & | & | & & | & | & | & | \end{pmatrix}.
$$
(4.16)

这里, 高阶多项式函数项表示为 X^{P_2}, X^{P_3}, 等等. 其中 X^{P_2} 代表了状态变量 X 的二阶非线性项,

$$
X^{P_2} = \begin{pmatrix} x_1^2(t_1) & x_1 x_2(t_1) & \cdots & x_2^2(t_1) & x_2 x_3(t_1) & \cdots & x_n^2(t_1) \\ x_1^2(t_2) & x_1 x_2(t_2) & \cdots & x_2^2(t_2) & x_2 x_3(t_2) & \cdots & x_n^2(t_2) \\ \vdots & \vdots & & \vdots & \vdots & & \vdots \\ x_1^2(t_m) & x_1 x_2(t_m) & \cdots & x_2^2(t_m) & x_2 x_3(t_m) & \cdots & x_n^2(t_m) \end{pmatrix}.
$$
(4.17)

基函数库中的每一列都代表方程 (4.13) 右端函数表达的一个候选元, 构造基函数库中的非线性元时有很大的选择自由. 由于控制方程的稀疏性, f 中只有少数非线性项被激活, 因此我们可以建立稀疏回归问题来求解稀疏系数向量 Ξ, 从而确定哪些非线性项被激活.

$$
\dot{X}(t) = \Theta(X)\Xi, \quad \Xi = (\xi_1, \xi_2, \cdots, \xi_n).
$$
(4.18)

Ξ 的每一列 ξ_k 表示稀疏系数向量, 用来确定方程 $\dot{x}_k = f_k(x)$ 的某一行被激活. 当稀疏系数矩阵 Ξ 被确定时, 控制方程第 k 行可以定义为

$$
\dot{x}_k = f_k(x) = \Theta(x^{\mathrm{T}})\xi_k.
$$

注意, 这里 $\Theta(x^{\mathrm{T}})$ 是以 x 为元素的符号函数组成的向量, 而 $\Theta(X)$ 是数据矩阵. 整合控制方程的所有行,

$$
\dot{x} = f(x) = \Xi^{\mathrm{T}}(\Theta(x^{\mathrm{T}}))^{\mathrm{T}}.
$$
(4.19)

我们可以通过稀疏回归求解方程 (4.18) 得到系数矩阵 Ξ. 在许多情况下, 我们可能需要首先标准化 $\Theta(X)$ 的列, 以确保限制的等距特性成立. 当 X 的项很小的时候, 这一点尤其重要, 因为 X 的幂会更小.

　　对于变量以及用变量数值逼近的导函数存在噪声污染问题, 模型 (4.18) 将不能准确适用. 系统模型应转变为

$$
\dot{X}(t) = \Theta(X)\Xi + \eta Z,
$$
(4.20)

这里, Z 是独立同分布于零均值高斯分布的矩阵, η 是噪声强度.

我们旨在求解带噪声的超定方程的稀疏解. LASSO 算法稀疏求解这类数据十分有效, 但是当数据集过大时, 计算耗时较长. 另一种算法是序列阈值的最小二乘算法, 其伪代码见算法 2. 在这个算法中, 我们首先利用最小二乘算法初步估计稀疏矩阵 Ξ, 然后寻找稀疏矩阵中的小系数, 判定小系数是否小于设定的稀疏性阈值 λ, 并将小于 λ 的系数赋值为 0. 将剩余非零系数矩阵代回原问题, 形成新的稀疏求解问题, 然后继续用稀疏性阈值条件 λ 过滤直到所有非零项系数收敛. 这个算法在求解稀疏问题时十分有效, 使用稀疏性阈值条件有利于稀疏性的求解, 使得经过很少步数的迭代就可以快速收敛到稀疏解, 并且算法 2 对于含噪声问题也有鲁棒性.

算法 2 基于序列最小二乘的稀疏识别算法

输入: 状态变量空间 X, 稀疏性阈值 λ;
输出: 稀疏系数矩阵 Ξ;

1: 利用状态空间 X 求解数值型导函数 $dXdt$;
2: 利用状态空间 X 构造基函数库 Θ;
3: 利用最小二乘初步估计稀疏矩阵 Ξ;
4: **for** $k = 1:10$ **do**
5:     寻找小系数: smallinds $= (\text{abs}(\Xi) < \lambda)$;
6:     将小系数赋值为 0: $\Xi(\text{smallinds}) = 0$;
7:     **for** ind $= 1:n$, n 是状态空间维数 **do**
8:         biginds $= \sim$ smallinds$(:,\text{ind})$;
9:         对剩余项做回归, 继续求解稀疏矩阵: $\Xi(\text{biginds},\text{ind}) = \Theta(:,\text{biginds}) \backslash dXdt(:,\text{ind})$;
10:     **end for**
11: **end for**
12: 返回稀疏矩阵: Ξ.

4.3 代码与可视化

本节以 Lorenz 系统模型的提取为例, 介绍稀疏识别算法提取模型的步骤与可视化代码. Lorenz 系统的方程如下:

$$\begin{cases} \dot{x} = \alpha(y - x), \\ \dot{y} = (\beta - z)x - y, \\ \dot{z} = xy - \gamma z, \end{cases} \tag{4.21}$$

这里 $\alpha = 10, \beta = 28, \gamma = 8/3$.

(1) 首先是对导函数空间的求解. 这里我们强调的是稀疏识别算法对模型的提取, 所以 Lorenz 系统导函数序列可以用方程 (4.21) 右端表达式给出. 而在实际应用问题中模型右端项是未知的, 导函数就需要通过时间序列的差分近似获得. Lorenz 系统导函数时间序列获取代码如下:

```
clc;clear;
sigma=10;
beta=8/3;
rho=28;
x0=[-8; 7; 27]; % 初始值
tspan=[.001:.001:100];
N=length(tspan);
options=odeset('RelTol',1e-12,'AbsTol',1e-12*ones(1,n));
% 求解时间序列
[t,x]=ode45(@(t,x) lorenz(t,x,sigma,beta,rho),tspan,x0,options);
% 计算导数并添加噪声
eps=1;% 噪声强度
for i=1:length(x)
        dx(i,:)=lorenz(0,x(i,:),sigma,beta,rho);
end
dx=dx+eps*randn(size(dx));
%%%%%%%%%%%%%%%%%%%%%%%%%%%%%
function dy=Lorenz(t,y,sigma,beta,rho)
dy=[sigma*(y(2)-y(1));y(1)*(rho-y(3))-y(2);y(1)*y(2)-beta*y(3)];
end
```

(2) 利用求解的时间序列构造基函数库.

```
polyorder=2;% 基函数库多项式阶数
usesine=0; % 基函数库三角函数个数
n=3;% 变量个数
Theta=poolData(x,n,polyorder,usesine);
%%%%%%%%%%%%%%%%%%%%%%%%%%%%%
function yout=poolData(yin,nVars,polyorder,usesine)
% 构造 Theta 矩阵
% yin: 输入矩阵
% yout: 输出矩阵
% nVars: 变量个数 (系统维数、数据维数), 输入矩阵列数
```

```
% polyorder: 多项式阶数
% usesine: 是否应用三角函数
n=size(yin,1);% 输入矩阵行数
ind = 1;
% 常数项
yout(:,ind)=ones(n,1);% yout 第一列
ind=ind+1;
% 1 阶项
for i=1:nVars
        yout(:,ind)=yin(:,i);
        ind=ind+1;
end
if(polyorder>=2)
        % 2 阶项
        for i=1:nVars
            for j=i:nVars
                yout(:,ind)=yin(:,i).*yin(:,j);
                ind=ind+1;
            end
        end
end

if(polyorder>=3)
        % 3 阶项
        for i=1:nVars
            for j=i:nVars
                for k=j:nVars
                    yout(:,ind)=yin(:,i).*yin(:,j).*yin(:,k);
                    ind = ind+1;
                end
            end
        end
end
if(polyorder>=4)
        % 4 阶项
        for i=1:nVars
            for j=i:nVars
                for k=j:nVars
                    for l=k:nVars
                        yout(:,ind)=yin(:,i).*yin(:,j).*yin(:,k).*yin(:,l);
                        ind=ind+1;
```

```
                end
              end
          end
        end
end
if(polyorder>=5)
        % 5 阶项
        for i=1:nVars
            for j=i:nVars
                for k=j:nVars
                    for l=k:nVars
                        for m=1:nVars
                            yout(:,ind)=yin(:,i).*yin(:,j).*yin(:,k).*yin(:,l).
                            ind=ind+1;
                        end
                    end
                end
            end
        end
end
if(usesine)
        for k=1:10;
            yout=[yout, sin(k*yin), cos(k*yin)];
        end
end
```

(3) 利用序列最小二乘求解稀疏系数.

```
lambda=0.025; % lambda 是稀疏节
Xi=sparsifyDynamics(Theta,dx,lambda,n)
poolDataLIST('x','y','z',Xi,n,polyorder,usesine);% 可视化稀疏矩阵
%%%%%%%%%%%%%%%%%%%%%%%%%%%%
function Xi=sparsifyDynamics(Theta,dXdt,lambda,n)
% Xi: 稀疏矩阵
% Theta: Theta 矩阵
% dXdt: 导数矩阵
% lambda: 稀疏节
% n: 系统维数
Xi=Theta\ dXdt; % (dXdt=Theta*Xi)
```

```
for k=1:10
        smallinds=(abs(Xi)<lambda); % 小系数索引
        Xi(smallinds)=0;
        for ind=1:n
                biginds= smallinds(:,ind);% 在剩余项中回归求稀疏矩阵
                Xi(biginds,ind)=Theta(:,biginds)\ dXdt(:,ind);
        end
end

%%%%%%%%%%%%%%%%%%%%%%%%%%%%% 可视化稀疏矩阵
function yout=poolDataLIST(yin,ahat,nVars,polyorder,usesine)
n=size(yin,1);
%%%%%%%%%%%%%%%%% 输出矩阵的第一列: 变量组合
ind=1;
% 常数项
yout{ind,1}=['1'];
ind=ind+1;
% 1 阶项
for i=1:nVars
        yout(ind,1)=yin(i);
        ind=ind+1;
end
if(polyorder>=2)
        % 2 阶项
        for i=1:nVars
            for j=i:nVars
                yout{ind,1}=[yin{i},yin{j}];
                ind=ind+1;
            end
        end
end
if(polyorder>=3)
        % 3 阶项
        for i=1:nVars
            for j=i:nVars
                for k=j:nVars
                    yout{ind,1}=[yin{i},yin{j},yin{k}];
                    ind=ind+1;
                end
            end
        end
```

```matlab
end
if(polyorder>=4)
        % 4 阶项
        for i=1:nVars
            for j=i:nVars
                for k=j:nVars
                    for l=k:nVars
                        yout{ind,1}=[yin{i},yin{j},yin{k},yin{l}];
                        ind=ind+1;
                    end
                end
            end
        end
end
if(polyorder>=5)
        % 5 阶项
        for i=1:nVars
            for j=i:nVars
                for k=j:nVars
                    for l=k:nVars
                        for m=l:nVars
                            yout{ind,1}=[yin{i},yin{j},yin{k},yin{l},yin{m}];
                            ind=ind+1;
                        end
                    end
                end
            end
        end
end
if(usesine)
        for k=1:10;
            yout{ind,1}=['sin(',num2str(k),'*yin)'];
            ind=ind+1;
            yout{ind,1}=['cos(',num2str(k),'*yin)'];

            ind=ind+1;
        end
end
output=yout;
newout(1)={''};
```

```
%%%%%%%%%%%%%%%%%% 输出矩阵的第一行
for k=1:length(yin)
        newout{1,1+k}=[yink,'dot'];
end
for k=1:size(ahat,1)
        newout(k+1,1)=output(k);%%%% 第一列
        for j=1:length(yin)
            newout{k+1,1+j}=ahat(k,j);%%%% 稀疏系数
        end
end
newout
```

结果可视化:

```
tspan=[0 20];
[tA,xA]=ode45(@(t,x)Lorenz(t,x,sigma,beta,rho),tspan,x0,options);% 真实值
[tB,xB]=ode45(@(t,x)sparseGalerkin(t,x,Xi,polyorder,usesine),
tspan,x0,options); % 近似值
figure(1)
subplot(2,2,1)
dtA=[0; diff(tA)];
color_line3(xA(:,1),xA(:,2),xA(:,3),dtA,'LineWidth',1.5);
view(27,16)
grid on
title('Real')
xlabel('x','FontSize',12);ylabel('y','FontSize',12)zlabel('z','FontSize',12);
set(gca,'FontSize',12)
subplot(2,2,2)
dtB=[0; diff(tB)];
color_line3(xB(:,1),xB(:,2),xB(:,3),dtB,'LineWidth',1.5);
view(27,16)
grid on
title('Approximate')
xlabel('x','FontSize',12);ylabel('y','FontSize',12)zlabel('z','FontSize',12);
set(gca,'FontSize',12)
subplot(2,2,3)
plot(tA,xA(:,1),'k-','LineWidth',1.5)
hold on
plot(tB,xB(:,1),'r:','LineWidth',1.5)
grid on
```

```
xlabel('Time','FontSize',12);ylabel('x','FontSize',12);
set(gca,'FontSize',12)
subplot(2,2,4)
plot(tA,xA(:,2),'k-','LineWidth',1.5)
hold on
plot(tB,xB(:,2),'r:','LineWidth',1.5)
xlabel('Time','FontSize',12);ylabel('y','FontSize',12)
set(gca,'FontSize',12)
%%%%%%%%%%%%%%%%%%%%%%%%%%%%%%%%%%
function dy=sparseGalerkin(t,y,ahat,polyorder,usesine)
%%%% 调用函数 yout=poolData(yin,nVars,polyorder,usesine)
%%%% 字符型 y=(y1,y2,y3,...)'
%%%% yin=(y1,y2,y3,...), nVars=length(y)
%%%% yout 是 1 行 m 列函数矩阵, 即 yPool 是 1 行 m 列矩阵
%%%% ahat 是 m 行 nVars 列矩阵
%%%% dy 是 nVars 行 1 列函数
yPool=poolData(y',length(y),polyorder,usesine);
dy=(yPool*ahat)';
end
%%%%%%%%%%%%%%%%%%%%%%%%%%%%%%%%%%
function h=color_line3(x, y, z, c, varargin)
h=surface(...
      'XData',[x(:)  x(:)],...
      'YData',[y(:)  y(:)],...
      'ZData',[z(:)  z(:)],...
      'CData',[c(:)  c(:)],...
      'FaceColor','none',...
      'EdgeColor','flat',...
      'Marker','none');
if nargin==5
      switch varargin1
          case '+' 'o' '″' '.' 'x' 'square' 'diamond'...
                   'v' 'ᵗ' '>' '<' 'pentagram' 'p' 'hexagram' 'h'
              set(h,'LineStyle','none','Marker',varargin1)
          otherwise
              error(['Invalid marker: ' varargin1])
      end
elseif nargin>5
```

```
      set(h,varargin:)
end
```

模型提取结果对比图如图 4.1 所示.

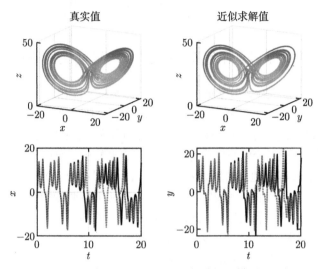

图 4.1   以 Lorenz 系统为例, 稀疏识别算法提取模型结果的对比图

第 5 章 应用举例

5.1 高熵合金塑性变形中的动力学研究

对于数据驱动下的动力学研究, 20 世纪 80 年代初期 Takens 和 Packard 利用延迟坐标技术将一维观测信号嵌入到高维的重构相空间中, 并给出了 Takens 嵌入定理证明重构相空间的轨道动力学性质与原始系统的轨道演化性质拓扑等价[14,17]. 由于观测数据潜在的系统模型通常是未知的, 通过研究重构相空间轨道的动力学特征能够等效地反映原始系统的性质. 数据中隐含的动力学特征的分析能够定量地描述潜在系统的一些定性性质, 比如: 利用赫斯特指数刻画时间序列演化的长程记忆相关性[18], 利用近似熵刻画时间序列所在系统的复杂性[19,20], 利用最大 Lyapunov 指数刻画系统动力学演化的稳定性[21], 等等. 本节以材料科学中高熵合金塑性变形中获得的数据为例, 讲述数据驱动下的系统动力学研究 [180,181].

5.1.1 研究背景

高熵合金是一种含有五种或者五种以上的元素以等原子比或者近似等原子比构成的新型固溶体合金, 它一般具有面心立方 (BCC)、体心立方 (FCC), 以及密排六方 (HCP) 的简单结构[22-25], 如图 5.1. 高熵合金的概念源自于 20 世纪 90 年代我国台湾学者叶均蔚等提出的新颖的多组元、高混合熵合金设计思路. 2004 年, 英国的 Brain Cantor 教授在熔炼一组高混合熵的合金时发现合金并没有出现预期的非晶体结构, 反而出现了许多脆性的晶态相, 为高熵合金的诞生正式拉开帷幕[26]. 高熵合金作为打破传统合金设计理念的新型合金, 引起了越来越多科研人员的研究兴趣, 因其优异的性能特点, 受到了整个制造行业的关注. 与传统合金相比, 高熵合金具有高硬度、高强度, 更加优异的耐磨、耐腐蚀性, 良好的抗高温氧化性, 还有不凡的电磁学等性能[27-34]. 这些标志性的特性使得高熵合金成为很多工业包括航空航天、海洋工程中合适的先进结构材料. 高熵合金这些优异的性能满足了飞快发展的工业对材料性能的严苛要求, 已在刀具、磨具、涡轮机叶片、高尔夫杆头上得到应用. 另外, 随着高熵合金体系的不断开发, 新的性能不断显现, 如良好的生物相容性和出色的防辐射性能, 使得高熵合金在生物医学和防辐射方面也有巨大应用潜力.

对于基础材料科学以及材料的应用而言, 研究高熵合金在不同服役环境中的性能十分必要. 通常材料实验中会测试高熵合金在不同温度、不同应变速率下

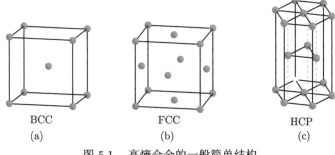

BCC (a)   FCC (b)   HCP (c)

图 5.1 高熵合金的一般简单结构

的物理力学性能. 关于高熵合金塑性变形中锯齿流的研究, 乔珺威等发现 Al-CoCrFeNi 高熵合金在温度 77 K 下的塑性变形中应力-应变曲线有 1 到 2 个大锯齿和一系列的小锯齿出现[35]. 此外, 北京科技大学张勇教授等[25] 研究得出 Al$_x$CoCrCuFeNi 高熵合金在低温试验环境中比高温下的压缩试验更容易出现锯齿流, 而且应变率 10^{-3} s^{-1} 下的锯齿比应变率 10^{-1} s^{-1} 下的锯齿更大. 伊利诺伊大学香槟分校 K. A. Dahmen 教授等[36] 在研究 CoCrFeMnNi 高熵合金从 275 °C 到 700 °C 下的锯齿流统计学特征时定义了 Type-A, Type-B, Type-C 型 Portevin-Le Chatelier (PLC) 带. 对于锯齿流动力学的研究, 郑州大学任景莉教授课题组利用混沌时间序列分析方法, 计算了锯齿流信号的最大 Lyapunov 指数, 统计了弹性能密度信号的幂律分布关系, 确定了锯齿流由混沌状态到自组织状态的过渡, 并且用多重分形刻画了这一过渡阶段的特征[37-40]. 任教授课题组还利用分形维数刻画了锯齿流信号的无标度自相似性, 利用去趋势波动分析方法计算了赫斯特指数, 并分析了锯齿流信号在时间尺度上长程相关性信息[18,41]. 目前大多数有关锯齿流的研究集中在室温以及高温试验环境下, 对高熵合金在超低温环境下比如液氮 (77 K)、液氦 (4.2K) 等超低温下的锯齿流研究较少. 本章则针对几类高熵合金在极端低温下压缩、拉伸实验中的锯齿流动力学进行研究.

在超低温环境下, 位错运动受限令大多数金属或者合金缺乏优异的力学性能, 比如延展性. 超低温环境下的高塑性材料是太空探索、超导装置、核反应装置, 以及储氢装置等低温服役环境中的紧缺型材料. 因低温环境下没有明显的韧脆转变, 面心立方合金很有希望成为这种超低温下具有高塑性的材料. 比如 316 不锈钢在液氮温度下承受均匀拉伸时具有显著的高拉伸强度, 并且其失效塑性应变可以接近室温下的拉伸极限值, 有时也会超过室温下的失效塑性应变[42]. 低温下较高的位错存储率和应变硬化能力, 允许大的均匀变形而不发生应变的局部化能够使得合金具有优异的延展性[43]. 最近, Gludovatz 等发现面心立方的 CrMnFeCoNi 高熵合金在液氮温度下具有接近甚至比 316 不锈钢更好的强度、延展性以及断裂韧性[44]. 另外, 学者认为增加的孪晶机制有助于实现低温下优异的应变硬化, 并且合金较低的层错能使得变形孪晶更容易被激活是提高应变硬化和延展性的关键因素[45,46]. 然而在室温甚至液氮温度下的标准拉伸实验中变形孪晶并不占主导地位, 变形孪晶的体积分数十分低. 可能的原因是样本范围内的应力没有达到激活变形孪晶的临界应力值, 只有应力聚集的裂纹尖端附近才发现有丰富的变形孪晶[47,48].

　　上述讨论促使我们考虑变形孪晶在极端低温下的促进机制. 极端低温下的标准拉伸实验中, 即使在常规应变率下, 变形应力预计也会非常高, 从而超过变形孪晶被激活的临界应力值. 如果变形孪晶占主导地位, 那么合金的应变硬化率和延展性会有什么样的改变? 是否会有类似不锈钢变形过程中马氏体相变的存在? 由于锰元素极易被氧化, 本章中我们考虑 CoCrFeNi 高熵合金在超低温下的拉伸性质. 与 CoCrFeNiMn 类似, CoCrFeNi 高熵合金也具有优异的低温力学性能[49-52], 但大多数研究都集中在温度 77 K 以上时的表现[24,35,53-55]. 我们的实验将测试样本的拉伸强度及延展性特征, 相应的外在环境从室温变化到液氮温度.

5.1.2　$Al_{0.5}CoCrCuFeNi$ 高熵合金超低温下压缩塑性动力学

1. 实验过程与数据获取

　　$Al_{0.5}CoCrCuFeNi$ 高熵合金样品是在含钛高纯氩气环境中通过电弧熔炼纯度超过 99.9% 的铝、铜、铬、钴、铁、镍组成的纯金属混合物, 然后冷凝得到. 熔炼与冷凝过程至少被重复五次以上从而获得化学成分上的均匀性. 熔融态的合金液体被注入冰水冷却过的铜制模具中形成直径 2 mm、长 50 mm 的柱状杆, 然后切成 4 mm 的小段样品用来做单轴压缩试验. 样品在液氦环境下以 4×10^{-4} s^{-1} 的应变速率压缩至样品发生 20% ~ 30% 的形变. 实验样品在液氦流冷却下的温度控制为 4.2 K, 7.5 K 和 9 K. 首先我们指出应力信号作为观测变量, 它的单位是 $MPa = N/m^2 = J/m^3$. 应变作为另一观测变量统计的是材料发生形变的长度与样本材料长度的比值. 实验获取的应力、应变信号如图 5.2.

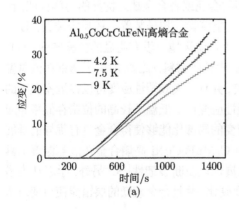

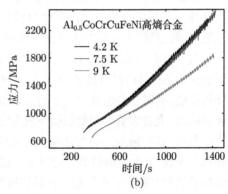

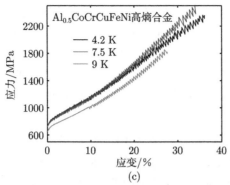

(c)

图 5.2 不同实验温度下获取的时间序列信号. (a) 应变-时间曲线;
(b) 应力-时间曲线; (c) 应力-应变曲线

2. 锯齿流应力、应变信号中的尺度行为

初步观测实验获取的应力、应变信号发现, 应变信号的演化具有阶梯状的波动, 应力信号具有锯齿状的波动. 为了进一步研究信号的波动特征, 图 5.3 给出

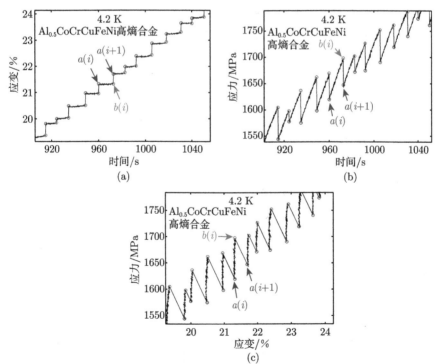

图 5.3 对图 5.2 中时间序列信号的放大图. (a) 阶梯状波动的应变-时间曲线的放大图;
(b) 锯齿状波动的应力-时间曲线放大图; (c) 锯齿状的应力-应变曲线放大图

了图 5.2 的局部放大图. 从应变信号来看, 第 i 个阶梯状波动的水平方向依然存在
微弱的震荡, 如图 5.3 (a) 中 $a(i) \to b(i)$ 阶段. 在这一阶段 $Al_{0.5}CoCrCuFeNi$ 高
熵合金发生弹性本质的微小形变, 并且在这一过程中伴随着弹性能的积累. 而在
第 i 个阶梯状波动的竖直方向上, $b(i) \to a(i+1)$ 阶段, 形变突然增加意味着释放
弹性能的塑性事件发生. 所以在诸如 $a(i) \to a(i+1)$ 材料的变形阶段有不连续的
弹性能的积累与释放.

将应变信号的阶梯状波动对应到相应的应力信号演化中, 我们得到应力信号
的锯齿状的波动, 如图 5.3 (b) 和 (c). 从上述材料变形的应变信号分析中可知, 应
力信号的锯齿流波动伴随着弹性能的改变. 所以分析弹性能的改变是研究应力信
号锯齿行为的一个有效方法. 应力-应变曲线中的大锯齿上, 记 $a(i) \to b(i)$ 阶段的
应力增量为 $S_1(i)$ MPa, 应变改变量为 $d_1(i)$. 此阶段材料发生微小变形, 弹性能积
累, 记平均积累的弹性能为

$$E_{ac}(i) = |S_1(i) \times d_1(i) \times V|/2, \tag{5.1}$$

这里 V 是实验样本的体积大小. 应力-应变曲线上 $b(i) \to a(i+1)$ 阶段, 应变信号
突然增加, 对应的应力急剧下降. 这一阶段积累的弹性能得到释放. 记此阶段的应
力降量为 $S_2(i)$ MPa, 相应的应变改变量为 $d_2(i)$, 则释放的弹性能为

$$E_{re}(i) = |S_2(i) \times d_2(i) \times V|/2. \tag{5.2}$$

图 5.4 (a) 简明地展示了积累的弹性能与释放的弹性能的计算. 合金材料在
压缩变形过程中, 随着应力增加应变首先发生缓慢变化并伴随着弹性能的积累,
当弹性能积累达到一定的极限时应变突然变大, 弹性能得到释放, 且应力信号急
剧下降. 对于这一过程, 我们认为应力降量 S_2 应该是应变跳跃尺寸 d_2 的函数,
即 $S_2 = S_2(d_2)$.

根据 S_2 与 d_2 的定义, 我们统计了应力-应变信号中每个锯齿对应的弹性能释
放量 E_{re} 以及应变跳跃尺寸 d_2, 并且进一步拟合了其对应的双对数函数关系, 如
图 5.4 (b). 拟合结果显示 E_{re} 与 d_2 之间满足幂律尺度关系: $E_{re} \sim d_2^j$. 表 5.1 给
出了不同温度下弹性能释放量与应变跳跃尺寸之间幂律关系的幂律指数值. 不同
温度下的 j 值都近似等于 2. 事实上, 根据广义胡克定律, S_2 与 d_2 之间应满
足 $S_2 = k \times d_2$. 这里 k 是材料的弹性系数, 回顾弹性能释放量的计算公式 (方
程 (5.2)), 我们可以得到 $E_{re} \sim d_2^2$. 我们从试验数据得到的尺度关系与理论结果
是十分接近的.

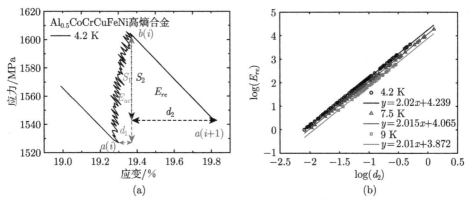

图 5.4 (a) 大锯齿上应力增量 S_1、应力降量 S_2、应变改变量 d_1 和 d_2、能量积累 E_{ac}、能量释放 E_{re} 的示意图; (b) 温度 4.2 K, 7.5 K, 9 K 下能量释放 E_{re} 与应变改变量 d_2 之间的幂律关系拟合

表 5.1 不同温度下弹性能释放量与应变跳跃尺寸间的幂律关系指数值

温度	4.2 K	7.5 K	9 K
指数 (j)	2.020	2.015	2.010

3. 最大 Lyapunov 与动力学演化稳定性

为了提取更多、更复杂的潜在信息, 我们用应力信号的最大 Lyapunov 指数来研究应力信号的动力学演化特征. 应力信号的演化特征是由外界服役环境、材料的微观结构以及剪切带的滑移形式等各种因素共同作用决定的, 那么与这些性质相关的复杂信息就会隐含在应力信号的演化过程中. 分析应力信号的动力学演化规律就可以揭示材料塑性变形机制潜在系统的部分性质.

根据 Takens 嵌入定理[14], 一维时间序列可以通过延迟坐标的方法嵌入到高维空间 (重构相空间) 中去, 使得在拓扑意义下重构相空间中的轨道演化与一维信号所在原始系统的轨道演化微分同胚. 记观测的一维应力信号为

$$\{x_1, x_2, x_3, \cdots, x_N\}.$$

通过延迟坐标嵌入到 m 维相空间中的点坐标为

$$Y(t) = (x_t, x_{t+\tau}, x_{t+2\tau}, \cdots, x_{t+(m-1)\tau}), \quad t = 1, 2, \cdots, N-(m-1)\tau,$$

其中, τ 是时间延迟, m 是嵌入维数.

本节中对应力信号的重构过程中, 时间延迟 τ 的求解用的是互信息法[6], 嵌入维数 m 的求解用的是 Cao 方法[11]. 图 5.5 展示了温度 7.5 K 下应力信号重构过程中时间延迟和嵌入维数的求解. 时间序列的互信息 $I(\tau)$ 作为时间延迟 τ 的函

数, 当互信息首次达到极小值时对应的 τ 值为重构相空间的最佳时间延迟 τ_0. 图例中 7.5 K 温度下应力信号重构的最佳时间延迟为 $\tau_0 = 9$. 对于重构相空间嵌入维数的求解, 当 E_1 趋于平稳, E_2 取值接近于 1 时对应的维数值为重构相空间的最佳嵌入维数. 图例中求解的最佳嵌入维数 $m_0 = 12$.

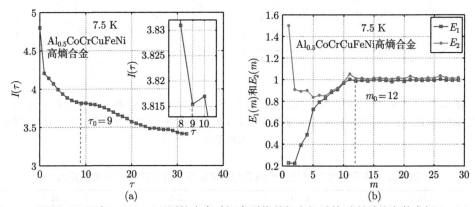

图 5.5   温度 7.5 K 下观测的应力时间序列信号相空间重构时所需的参数求解.
(a) 互信息法求解时间延迟, 这里最佳时间延迟 $\tau_0 = 9$; (b) Cao 方法求解嵌入维数,
这里最佳嵌入维数 $m_0 = 12$

对于实验中时间序列的获取, 记信号获取的时间间隔为 h, 那么最佳时间延迟 τ_0 对应的实际延迟时间 $\tau_t = \tau_0 \times h$. 在应力-时间曲线中, 计算大锯齿事件 $\{a(i) \to a(i+1)\}$ 对应的平均时间间隔 t_M, 以及大锯齿事件暴发的平均频率 $v = 1/t_M$. 不同温度下 τ_0, h, τ_t, t_M 和 v 的计算结果见表 5.2. 通过对比分析, 我们发现延迟时间 τ_t 取值的变化趋势与大锯齿的平均时间间隔 τ_M 的变化趋势相反, 与大锯齿事件暴发的频率 v 的变化趋势一致. 也就是说, 重构相空间过程中应力时间序列信号的延迟时间正比于应力信号中大锯齿事件暴发的频率. 就变形机制而言, 互信息法求得的最佳时间延迟 τ_0 反映了应力信号演化过程中剪切带之间的关联程度, τ_0 取值越小, 剪切带之间的相关性程度越强.

获取最佳时间延迟与最佳嵌入维数后, 我们可以实现应力信号的相空间重构. 进一步, 通过 Wolf 方法计算刻画相空间中演化轨道分离速率的最大 Lyapunov 指数. 正的最大 Lyapunov 指数反映了时间序列的动力学演化是混沌的. 相空间中的轨道演化逐渐分离, 且轨道的演化有长程不可预测性. 混沌系统对初值具有敏感性, 且混沌系统的动力学演化是不稳定的. 将混沌系统投射到一维应力信号的演化中, 那么应力信号中的混沌机制下的锯齿流事件就表现出无序的特征. 负的最大 Lyapunov 指数表明系统的动力学行为是稳定的, 相空间中的轨道逐渐聚集.

稳定的动力学机制下的锯齿流演化是有序的, 对应塑性变形中的剪切带的滑移事件的动力学演化是稳定有序的.

表 5.2 不同温度下应力信号对应的最佳时间延迟 τ_0, 数据采集间隔 h, τ_0 对应的真实时间延迟 τ_t, 大锯齿对应的平均时间区间 t_M, 大锯齿事件暴发的频率 v, 最佳嵌入维数 m_0, 最大 Lyapunov 指数 λ

	4.2 K	7.5 K	9 K
τ_0	26	9	9
h/s	0.145	0.150	0.130
τ_t/s	3.77	1.35	1.17
t_M/s	5.2834	5.6479	8.4823
v/Hz	0.1893	0.1771	0.1179
m_0	6	12	16
λ	$-7.3420e-4$	$-4.4502e-4$	-0.0197

4.2 K, 7.5 K 和 9 K 温度下应力信号对应的最大 Lyapunov 指数 (λ) 值见表 5.2. 计算结果显示, 三种温度下的 λ 数值都为负数, 说明 $Al_{0.5}CoCrCuFeNi$ 高熵合金在超低温中压缩试验下的塑性变形对应的锯齿流动力学演化是稳定的, 变形过程中相应的剪切带滑移形式是有序的.

5.1.3 CoCrFeNi 高熵合金超低温下拉伸塑性动力学

实验过程与数据获取

CoCrFeNi 高熵合金的制备, 在真空感应悬浮熔炼炉中, 高纯氩气保护氛围下熔炼纯度超过 99.9% 的纯金属混合物、组元以等原子比混合, 初步形成 3 kg 的合金锭. 一次熔炼完成后, 将样品倒置继续熔炼, 重复三次熔炼以减轻合金的比重偏析情况. 然后将直径 90 mm 的铸态圆锭在 1373 K 下退火 20 小时以达到均匀化, 在 1473 K 下热锻造 6 次以上, 以保证化学均匀性, 消除铸造缺陷, 然后在空气中冷却至室温. 采用电火花加工方法, 从铸锭上制备了标距为 15 mm 的矩形狗骨状拉伸试样, 再用碳化硅纸打磨试样的两面, 最终样品厚度约为 1.7 mm, 标距宽度约为 3 mm. 所有样品均在中国科学院理化技术研究所重点实验室的 MTS-SANA CMT5000 万能试验机上进行了应变率为 10^{-3} s^{-1} 的拉伸实验. 实验分别在四种不同温度下进行: 293 K (室温), 200 K, 77 K (液氮温度) 和 4.2 K (液氦温度). 对于每个温度, 至少测试三个样品. 在 50 K 和 20 K 温度下进行额外的拉伸实验, 每个温度下测试了五个样品. 采用扫描电子显微镜对断口进行了观察.

　　图 5.6 为 CoCrFeNi 高熵合金在不同温度下拉伸实验的工程应力-应变曲线图. 在超低温 20 K 和 4.2 K 时, 工程应力-应变曲线有明显的锯齿行为. 实验测得不同温度下的物理力学性质: 屈服强度 σ_y, 极限抗拉强度 σ_u, 断裂应变 ε_f, 以及杨氏模量 E 的统计结果参见表 5.3. 统计结果显示面心立方结构的 CoCrFeNi 高熵合金在超低温环境下有极好的延展性. 这种合金在液氢温度下的拉伸强度可以达到 (1251 ± 10)MPa, 临界失效应变可以达到 62%. 我们认为 CoCrFeNi 高熵合金在超低温下的高强度、高延展性是由于极低的层错能促进了变形孪晶的激活. 另外, 液氮温度下合金中的面心立方结构到密排六方结构 (FCC→HCP) 相变和锯齿流事件使得合金的延展性在 77 K 以下降低.

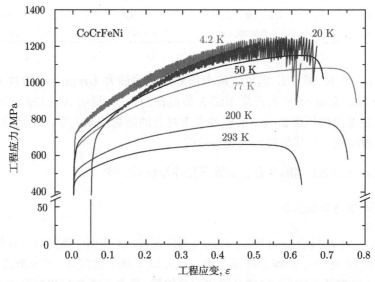

图 5.6　CoCrFeNi 高熵合金在不同温度下拉伸实验的工程应力-应变曲线

表 5.3　不同温度下 CoCrFeNi 高熵合金拉伸实验的力学性质, 屈服强度 σ_y, 极限抗拉强度 σ_u, 断裂应变 ε_f, 以及杨氏模量 E

	4.2 K	20 K	50 K	77 K	200 K	293 K
σ_y/MPa	680	—	—	590	488	446
σ_u/MPa	1251 ± 10	1240 ± 40	1152 ± 8	1070	790	664
ε_f	61.6%±1.6%	62%±0.6%	68.6%±3.3%	78%	72%	63%
E/GPa	221	—	—	204	194	189

5.1.4 微观结构特征

所制备的高熵合金有近似等轴的晶粒, 如图 5.7(a), 其平均尺寸约为 13 μm. 图 5.7(b), (c), (d) 分别是样本的 X 射线衍射图、透射电子显微镜图, 以及电子衍射图. X 射线衍射图指出样本含有单一的面心立方相, 透射电子显微镜图和电子衍射图表明原始样本中存在高密度的位错和一些孪晶.

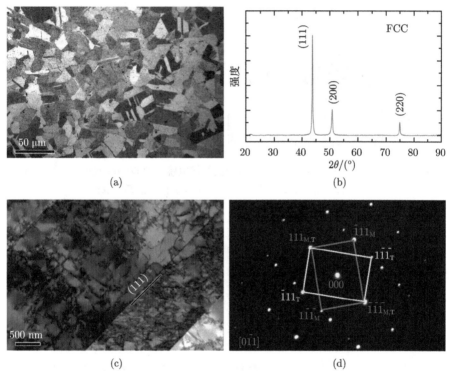

图 5.7 合金样本微观结构. (a) 样品的光学金相图像. (b) X 射线衍射图, 表明合金有单一的面心立方结构. (c) 透射电子显微镜图, 显示存在高密度位错. (d) 电子衍射图, 显示存在孪晶

不同温度下的拉伸实验最终都会有颈缩现象出现. 图 5.8 展示了不同温度下合金样本拉伸实验后断裂表面的扫描电镜图, 颈缩现象随着温度降低受限加剧. 图 5.8 中的断裂表面是在 200 μm 尺度下的观测图, 为了观测表面更细微的特征, 图 5.9 展示了 20 μm 尺度下断裂界面的扫描电镜图. 结果显示测试样本在温度为 293 K 和 200 K 时存在大量尺寸由微米级 (1—10 μm) 到纳米级不等的韧窝. 而且随着温度降低, 微米级的韧窝含量降低, 纳米级韧窝含量增加. 由图 5.9 可以看出, 随着温度降低至 77 K, 微米级的韧窝含量减少, 但温度降到 4.2 K 时含量增加, 这与合金材料延展性随温度的变化趋势一致.

图 5.8 不同温度下样本拉伸实验后断裂表面的扫描电镜图 (200 μm 尺度). (a)—(d) 分别
是 293 K, 200 K, 77 K, 4.2 K 实验条件下的断裂表面

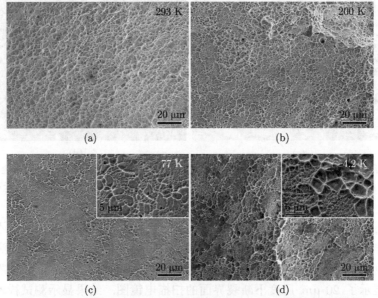

图 5.9 不同温度下 CoCrFeNi 高熵合金样本拉伸实验后断裂表面的
扫描电镜图 (20μm 尺度)

图 5.10 展示了样本在液氦温度下 (4.2 K) 拉伸实验后的微观结构. 晶粒间
存在高密度的层状结构 (图 5.10 (a), (b)), 通过选区电子衍射证实是 {111} 孪

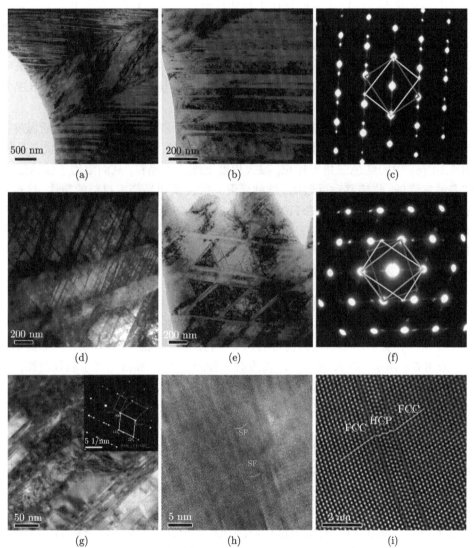

图 5.10 液氮温度下 CoCrFeNi 高熵合金样本拉伸实验后纳米级孪晶和 HCP 相的透射电子显微镜与扫描透射电子显微镜图. (a) 变形孪晶的透射电镜图. (b) 透射电镜图 (a) 的放大. (c) 选区电子衍射图. (b) 与 (c) 图表明 111 平面上相互平行的变形孪晶存在. (d) 透射电镜图. (e) 蓝色平行四边形和红色三角形由于相交的孪晶呈现出不同的形态. 所有的透射电镜图像都表明高密度的纳米孪晶显著细化了晶粒. (f) 选区电子衍射图. (g) 透射电镜图的亮区和选区电子衍射图显示样本中有面心立方的孪晶和 HCP 相. (h) 高分辨率的扫描透射电镜图中含有 HCP 相堆叠、层错和纳米级孪晶, 证明 FCC-HCP 相变的发生. (i) (h) 图中红色矩形的放大图, 显示 ABABAB 型 HCP 堆叠

晶 (图 5.10 (c), (f)). 纳米尺度的孪晶厚度在 10 到 200 纳米之间, 它们存在于较大的退火孪晶 (拉伸实验前存在于原始样品) 中, 有时穿透预先存在的孪晶边界 (图 5.10 (d)). 每个晶粒中的孪晶沿两个相差 60° 的方向延伸, 形成许多孪晶边界和封闭的纳米尺度区域 (图 5.10 (e)). 另外, 图 5.10 (g)—(i) 显示 4.2 K 时有 FCC→HCP 相变发生. 在 4.2 K 温度下拉伸实验后的样本中有高密度的缺陷, 比如纳米孪晶、层错, 以及 HCP 堆叠. 这些特征证明拉伸实验中有 FCC→HCP 相变发生.

位错运动和纳米级孪晶的综合作用使得 CoCrFeNi 高熵合金材料随温度降低而韧性增强. 丰富的孪晶晶界提升了强度和塑性, 但是样本中三角状孪晶相, 图 5.10 (e) 中的红色三角形标记, 很大程度上细化了晶粒, 从而阻碍了位错运动. 随着温度降低, 位错移动受限, 这种受限制的位错明显伤害材料的塑性, 这也就是为什么 4.2 K 温度下 CoCrFeNi 高熵合金材料的延展性比 77 K 温度下的延展性差. 在液氦温度下, CoCrFeNi 的层错能低至 3.5 mJ/m^2, 这样低的层错能促进大量孪晶的形成. 以变形孪晶占主导与 FCC→HCP 相变综合作用下的变形机制使 CoCrFeNi 高熵合金在液氦温度下仍具有优异的力学性能.

锯齿信号的分形维数与晶体缺陷

锯齿流现象经常出现在金属和合金的变形中, 其可能的起因包括: 塑性滑移的不稳定性、变形孪晶、应力诱导的相变、再结晶、动态应变时效、绝热剪切等等. 如图 5.6 所示, 20 K 和 4.2 K 温度时工程应力-应变曲线出现了明显的锯齿流行为. 在这里, 高密度的变形孪晶和 FCC→HCP 相变的相互作用可能是锯齿流产生的诱因. 对于锯齿状的应力信号, 我们首先利用分形维数 (D) 来刻画其动力学演化的自相似性质.

20 K 和 4.2 K 对应的应力信号计算的分形维数结果见表 5.4. 液氦温度下实验后样本的微观结构显示大量的位错 (一维线缺陷)、层错与孪晶 (二维缺陷), 以及少量的相变 (三维缺陷) 共同作用造成了 4.2 K 下应力信号动态演化的分形维数近似等于 1.23.

表 5.4　20 K 和 4.2 K 时锯齿状应力信号动力学演化的相关参数, 分形维数 D, 重构相空间的最佳时间延迟 τ_0, 最佳嵌入维数 m_0, 以及最大 Lyapunov 指数 λ

	D	τ_0	m_0	λ
20 K	1.22	5	10	0.001
4.2 K	1.23	14	15	0.050

5.1.5　最大 Lyapunov 指数与相变诱导的不稳定性

为了进一步考察应力信号动力学演化的稳定性, 我们采用 Wolf 方法计算应力信号动力学演化的最大 Lyapunov 指数. 首先, 通过延迟坐标技术, 锯齿状应力信号被重构到高维空间中.

相空间重构所需要的最佳时间延长由互信息法求得, 最佳嵌入维数由 Cao 方法求得. 如图 5.11 给出了温度为 4.2 K 和 20 K 时应力信号最佳时间延迟和嵌入维数的求解示意图. 4.2 K 时最佳时间延迟 τ_0 等于 14, 嵌入维数 m_0 等于 15. 20 K 时最佳时间延迟 τ_0 等于 5, 嵌入维数 m_0 等于 10. 相空间重构之后利用 Wolf 方法求解不同温度下的最大 Lyapunov 指数, 见表 5.4. 与 $Al_{0.5}CoCrCuFeNi$ 高熵合金在超低温下压缩实验的应力信号对应的最大 Lyapunov 指数不同, $CoCrFeNi$ 高熵合金在低温下拉伸实验对应的最大 Lyapunov 指数数值为正. 4.2 K 时求解的最大 Lyapunov 指数数值等于 0.050, 20 K 时求解的最大 Lyapunov 指数数值等于 0.001. 这表明 $CoCrFeNi$ 高熵合金在低温下拉伸实验应力信号的动力学演化是混沌的、不稳定的. 我们认为应力信号这种不稳定性的演化是由以孪晶为主导的变形机制以及 FCC→HCP 相变引起的.

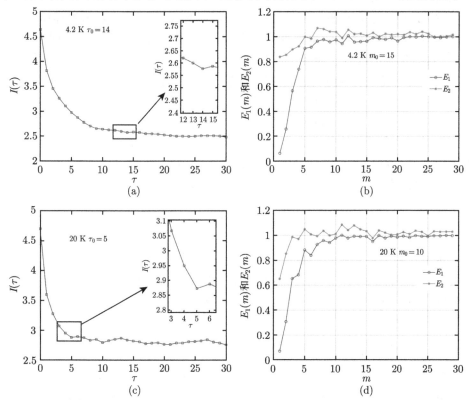

图 5.11   拉伸实验应力时间序列信号相空间重构时所需的参数求解. (a) 4.2 K 温度下的应力信号用互信息法求解时间延迟, 这里最佳时间延迟 $\tau_0 = 14$; (b) 4.2 K 温度下的应力信号用 Cao 方法求解嵌入维数, 这里最佳嵌入维数 $m_0 = 15$; (c) 20 K 温度下的应力信号用互信息法求解时间延迟, 这里最佳时间延迟 $\tau_0 = 5$; (d) 20 K 温度下的应力信号用 Cao 方法求解嵌入维数, 这里最佳嵌入维数 $m_0 = 10$

5.1.6　小结

本节运用非线性时间序列分析的方法研究了 $Al_{0.5}CoCrCuFeNi$ 高熵合金在超低温下压缩实验过程中的塑性动力学. 合金在 4.2 K, 7.5 K 和 9 K 的超低温下进行单轴压缩实验, 我们观测到塑性变形过程中的应变信号呈阶梯状波动, 应力信号呈锯齿状间歇演化. 通过分析塑性变形过程中弹性能的积累与释放, 发现弹性能的释放量与应变跳跃尺寸间存在尺度关系, 并且不同温度下的尺度关系系数接近于 2. 这个尺度系数与材料的本征性质 (弹模) 密切相关且不依赖于环境温度变化. 进一步, 我们用最大 Lyapunov 指数刻画了不同温度下锯齿状应力信号的动力学演化. 结果表明三个温度下的最大 Lyapunov 指数均为负值, 这反映了塑性变形时有序的动力学滑移过程, 且当温度从 9 K 降到 7.5 K 或者 4.2 K 时, 最大 Lyapunov 指数数值增大, 表明滑移过程有序度降低.

进一步研究了具有面心立方结构的 CoCrFeNi 高熵合金在超低温环境下的服役行为, 结果显示该合金在极低温环境下, 能够保持高强度和极优异的韧性. 归根结底, 这些优异的综合性能源于多组元合金极低的层错能, 使变形孪晶在超低温环境下大量出现, 进而导致材料在极限温度下保持高强高韧的特点. 另外, 研究还发现该合金在超低温环境准静态拉伸时表现出 FCC-HCP 相变行为, 说明在极低温且高应力状态下, CoCrFeNi 合金的 HCP 结构比 FCC 结构相更加稳定, 加深了我们对高熵合金相稳定性的认识. 除此之外, 高熵合金在液氢温区拉伸时出现了锯齿流变行为, 我们认为这种特异性的现象是由孪晶主导的变形机制以及相变引起的, 锯齿流的动力学特征显示相变行为的出现导致了该锯齿行为不稳定.

5.2　时滞参数化预测方法的应用

本节我们将展示时滞参数化方法的应用 [182]. 非线性关联函数被用来预测 Lorenz 混沌时间序列, 另外, 我们采用线性关联函数预测了现实数据包括材料科学中的应力-应变信号、金融科学中的股票价格. 最优参数的选取采用了粒子群算法或者遗传算法.

5.2.1　Lorenz 混沌时间序列预测

经典的 Lorenz 混沌时间序列被引入来展示利用非线性关联函数做预测的过程与效果. Lorenz 混沌时间序列可以通过求解下面的三阶常微分方程获得

$$\begin{cases} \dot{x} = \alpha(y - x), \\ \dot{y} = (\beta - z)x - y, \\ \dot{z} = xy - \gamma z, \end{cases} \tag{5.3}$$

这里, $\alpha = 10, \beta = 28, \gamma = 8/3$.

利用 MATLAB 求解方程时, 内置函数采用 ode45, 设定初值为 $(0.1, 0.1, 0.1)$, 时间区间为 $[0, 200]$, 采样时间间隔为 0.02. 为了避免初值的影响, 我们用求解的时间序列的最后一个点 (x_0, y_0, z_0) 作为初值代入方程再次求解. 在这个过程中第一次求解的耦合时间序列保证第二次求解时的初值落在混沌吸引子中. 通过计算可以获得 10001 行 3 列耦合的混沌时间序列, 我们选取第 2001 行到第 2500 行的数据作为训练集, 第 2500 行以后的数据用来做预测.

由于获取的混沌时间序列中一些数值接近于 0, 不能用来作分母, 所以目标函数中的预测误差 Error 不能采用平均绝对误差公式 (见公式 (3.14)). 这里我们定义 $x(k)$ 的预测误差为绝对误差, 即 $\mathrm{Error}(x) = |x(k) - \hat{x}(k)|$. 目标函数为

$$F = \frac{\mathrm{Corr}(x, \hat{x})}{\mathrm{Error}(x)} + \frac{\mathrm{Corr}(y, \hat{y})}{\mathrm{Error}(y)} + \frac{\mathrm{Corr}(z, \hat{z})}{\mathrm{Error}(z)}. \tag{5.4}$$

时间延迟作为参数, 其取值范围是 $[1, 20]$, 即 $\tau_{\min} = 1, \tau_{\max} = 20$. 采用三阶多项式逼近的非线性关联函数进行预测, 其中最优时间延迟参数 $(\tau_x^*, \tau_y^*, \tau_z^*)$ 取值为 $(4, 3, 1)$. 利用粒子群优化算法求解的结果与遍历算法求解结果一致. 图 5.12 展示了预测结果: 图 5.12 (a) 是混沌吸引子的相图; 图 5.12 (b) 是混沌吸引子相应的时间序列图; 图 5.12 (c) 给出了预测值与真实值的比较; 图 5.12 (d) 是预测误差 Error; 图 5.12 (e) 是预测的信号对比真实值组成的相图.

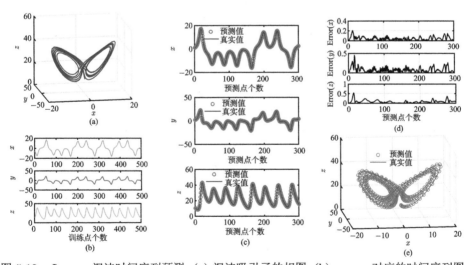

图 5.12　Lorenz 混沌时间序列预测. (a) 混沌吸引子的相图; (b) x, y, z 对应的时间序列图; (c) 混沌时间序列预测的预测值和真实值; (d) 相应的预测误差; (e) 预测的信号对比真实值组成的相图

另外, 近似熵 (ApEn) 和最大 Lyapunov 指数 (λ) 作为刻画动力系统复杂性的

指标, 其计算结果为正, 反映了混沌的动力学演化行为. 近似熵、最大 Lyapunov 指数, 以及最优时间延迟参数的计算结果见表 5.5. 表 5.6 和表 5.7 分别列出了时滞参数化方法 (DPM) 预测对比反嵌入方法 (IEM) 预测的均方误差 (MSE)、平均绝对误差 (MAE). 结果显示, 我们提出的延迟参数化方法在准确率上有明显的优势.

表 5.5　应用举例中近似熵 (ApEn), 最优时间延迟参数 (τ^*), 最大 Lyapunov 指数 (λ) 的计算结果

		ApEn	τ^*	λ
Lorenz	x	0.1841	4	0.0568
	y	0.1991	3	0.0372
	z	0.1909	1	0.0518
材料数据	应变	0.0805	53	-0.0975
	应力	0.2692	52	0.1438
标普 500	开盘价	0.7299	94	0.3744
	收盘价	0.7577	94	0.2902
收盘价	标普 500	0.5702	5	0.0030
	道琼斯指数	0.5743	79	0.1504
	纳斯达克指数	0.5567	18	0.3006

表 5.6　延迟参数化方法 (DPM) 和反嵌入方法 (IEM) 的均方误差 (MSE) 比较

MSE		DPM	IEM
Lorenz	x	0.0033	63.7943
	y	0.0108	86.1110
	z	0.0143	13.1244
材料数据	应变	0.0094	0.0481
	应力	0.0073	0.0419
标普 500	开盘价	0.0267	0.0382
	收盘价	0.0270	0.0388
收盘价	标普 500	0.0235	0.0306
	道琼斯指数	0.0221	0.0312
	纳斯达克指数	0.0480	0.0440

表 5.7　延迟参数化方法 (DPM) 和反嵌入方法 (IEM) 的平均绝对误差 (MAE) 比较

MAE		DPM	IEM
Lorenz	x	0.0216	0.7756
	y	0.0457	1.1080
	z	0.0043	0.1059
材料数据	应力	0.0002	0.0029
	应变	0.0001	0.0023
标普 500	开盘价	0.0010	0.0023
	收盘价	0.0010	0.0024
收盘价	标普 500	0.0008	0.0012
	道琼斯指数	0.0007	0.0012
	纳斯达克指数	0.0032	0.0025

5.2.2 应力-应变信号预测

通过对 $Al_{0.5}CoCrCuFeNi$ 高熵合金在超低温下进行压缩实验, 获得了应力-应变信号. 一般来说, 在弹性变形过程中, 应力信号与应变信号之间的相关性是线性的. 因此, 我们可以通过线性系数 (弹性模量) 从应力信号中推断出应变. 但在塑性变形过程中, 这种线性关系变得无效, 并且应力与应变之间的关系可能是不规则的. 应变信号演化呈阶梯状起伏, 应力信号也会有锯齿流现象, 如图 5.13 (a), (d). 因此, 预测塑性变形过程中的应力-应变的演化具有重要意义, 它将从建模层面为材料的服役行为研究和实验设计提供理论指导.

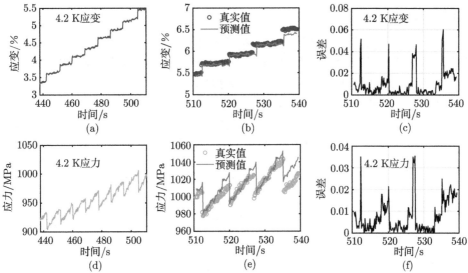

图 5.13 应力应变信号预测. (a) 应变信号的训练集; (b) 预测的应变信号和真实应变值; (c) 应变信号的预测误差; (d) 应力信号的训练集; (e) 预测的应力信号和真实应力值; (f) 应力信号的预测误差

在这个应用例子中, 我们假定原始相空间与重构相空间之间的关联函数为线性的. 取 500 个应力-应变信号点作为训练集来寻找最优参数. 时滞参数的取值范围定为 $[1, 100]$, 即 $\tau_{\min} = 1, \tau_{\max} = 100$. 由于所有的应力信号和应变信号取值都是正数, 所以程序中的目标函数可以定义为

$$F = \frac{\text{Corr}(x, \hat{x})}{\text{Error}(x)} + \frac{\text{Corr}(y, \hat{y})}{\text{Error}(y)}, \tag{5.5}$$

这里, x 代表真实的应变信号, y 代表真实的应力信号, $\hat{x}$ 表示预测的应变信号, $\hat{y}$ 表示预测的应力信号, $\text{Corr}(x, \hat{x})$ 表示真实值与预测值之间的相关系数. 预测误

差采用平均绝对误差 $\text{Error}(x) = \text{MAE}(x)$.

通过遗传算法和遍历算法求解的最优时间延迟参数 (τ_x^*, τ_y^*) 等于 $(53, 52)$. 我们预测了 200 个应力-应变信号点, 如图 5.13 (b), (e). 图 5.13 (c), (f) 分别展示了应变信号、应力信号的预测误差. 另外, 应变信号的最大 Lyapunov 指数数值为负, 表明应变信号的动力学演化是稳定的. 而应力信号为正的最大 Lyapunov 指数揭示不稳定的动力学演化, 这与应力信号演化比应变信号演化更为复杂 (应力信号的近似熵高于应变信号的近似熵) 的结论是一致的. 表 5.6 和表 5.7 中, 时滞参数化方法与反嵌入方法的均方差及平均绝对误差的对比显示我们的方法可以做到更好的预测.

5.2.3　股票价格预测

我们提出的时滞参数化方法还可以用来预测股票价格. 标普 500 (Sp500) 作为美国股票市场的一个股票指数, 其价格走势的预测被用来验证我们的方法. 标普 500 的日 K 线图和成交量下载于雅虎金融网 (https://finance.yahoo.com/). 美国股票市场中一年共有 252 或 253 个交易日, 所以我们采用了 2014 年 10 月 10 日到 2015 年 10 月 12 日 252 个交易日的数据作为训练集 (图 5.14 (a)) 来预测 2015 年 10 月 13 日到 2016 年 3 月 8 日的开盘价和收盘价.

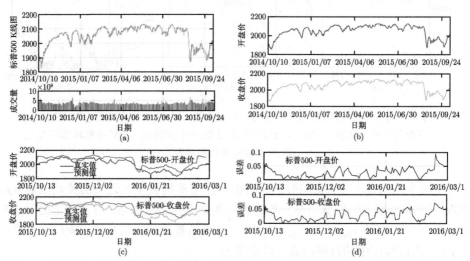

图 5.14　标普 500 指数日 K 线图预测. (a) 2014 年 10 月 10 日到 2015 年 10 月 12 日标普 500 指数的日 K 线图和成交量; (b) K 线图中提取的开盘价和收盘价; (c) 开盘价与收盘价的预测值与真实值; (d) 开盘价与收盘价的预测误差

股票的开盘价与收盘价存在内在的联系, 因此我们从训练集中提取了开盘价和收盘价 2 维时间序列作为设计预测系统的变量 (图 5.14 (b)). 从求解的近似熵结果可以看到开盘价和收盘价表现出相似的动力学演化复杂性. 正的最大 Lyapunov 指数表明时间序列的动力学演化是混沌的. 依据预测机制, 时滞参数的取值范围为 [1,100], 目标函数采用公式 (3.21) 的形式, 关联函数采取线性逼近. 利用粒子群算法和遍历算法求解的最佳参数 $(\tau_x^*, \tau_y^*) = (94, 94)$, 预测结果及误差如图 5.14 (c), (d). 从预测结果看, 开盘价和收盘价的走势可以得到较好的预测. 此外, 为了评估对股票趋势的预测, 依据参考文献 [121] 中定义的命中率公式, 计算了预测股票走势方向正确时的百分比.

$$
\text{命中率} = \frac{1}{N} \sum_{i=1}^{N} P_i, \quad P_i = \begin{cases} 1, & (y(i+1) - y(i))(\hat{y}(i+1) - \hat{y}(i)) > 0, \\ 0, & \text{否则}. \end{cases} \tag{5.6}
$$

标普 500 指数的开盘价与收盘价预测命中率的波动图见图 5.15. 初始阶段的预测命中率不是很高, 而关于整体走势的预测有连续 100 个交易日的整体命中率超过 50%, 其原因可能是我们仅仅使用了标普 500 指数的开盘价和收盘价作为预测机制的变量, 实际上股票的走势还与其他不同的股票市场指标比如道琼斯指数、纳斯达克指数的走势密切相关. 另一方面, 混沌时间序列演化对初值的敏感性也是造成初始阶段预测不准的一个因素. 均方误差和平均绝对误差的结果显示我们提出的时滞参数化方法比反嵌入方法预测效果好.

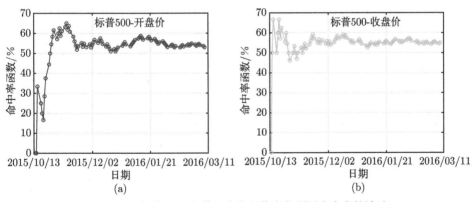

图 5.15 标普 500 指数开盘价和收盘价预测命中率的波动

考虑到标普 500 股票价格可能受其他股票市场指数的影响, 我们设计了基于三种不同股票指数的股票价格预测机制. 我们从雅虎金融网下载了标普 500 指数、道琼斯指数、纳斯达克指数的日 K 线数据 (图 5.16 (a)—(c)).

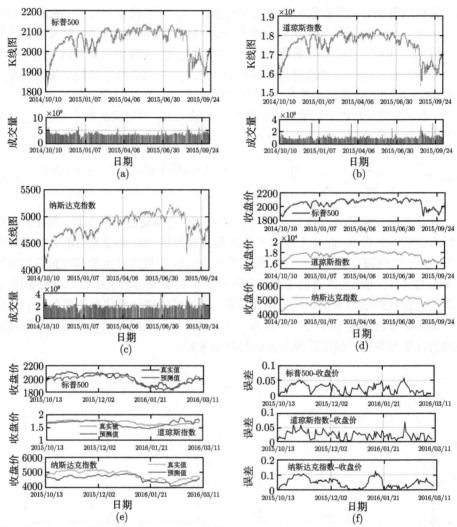

图 5.16 三维 K 线图预测. (a)—(c) 2014 年 10 月 10 日到 2015 年 10 月 12 日标普 500 指数、道琼斯指数、纳斯达克指数的日 K 线图和成交量; (d) K 线图中提取的三种不同的收盘价; (e) 2015 年 10 月 13 日到 2016 年 3 月 8 日三种不同收盘价的真实值和预测值; (f) 三种不同收盘价的预测误差

从三种指数的 K 线图中抽取收盘价作为预测系统的变量, 从 2014 年 10 月 10 日到 2015 年 10 月 12 日 252 个交易日的数据作为训练集 (图 5.16 (d)). 这三种收盘价信号的近似熵表明信号演化具有相似的复杂性, 其最大 Lyapunov 指数为正表明重构相空间的轨道演化的动力学呈混沌状态. 预测机制中的目标函数定义为

$$F = \frac{\mathrm{Corr}(x, \hat{x})}{\mathrm{Error}(x)} + \frac{\mathrm{Corr}(y, \hat{y})}{\mathrm{Error}(y)} + \frac{\mathrm{Corr}(z, \hat{z})}{\mathrm{Error}(z)}, \tag{5.7}$$

其中, x, y, z 分别代表了真实的标普 500 指数收盘价、道琼斯指数收盘价、纳斯达克指数收盘价; $\hat{x}, \hat{y}, \hat{z}$ 分别表示相应的预测值; $\mathrm{Corr}(x, \hat{x})$ 表示真实值与预测值之间的相关系数; $\mathrm{Error}(x) = \mathrm{MAE}(x)$. 令 $\tau_{\min} = 1, \tau_{\max} = 100$. 在这个例子中, 如果使用遍历算法求解参数则至少需要 10^6 次循环, 这太过于耗时, 因此这里我们用粒子群算法和遗传算法求解参数. 最佳的时间延迟参数 $(\tau_x^*, \tau_y^*, \tau_z^*) = (5, 79, 18)$. 从 2015 年 10 月 13 日到 2016 年 3 月 8 日 100 个交易日的收盘价预测结果及预测误差如图 5.16 (e), (f).

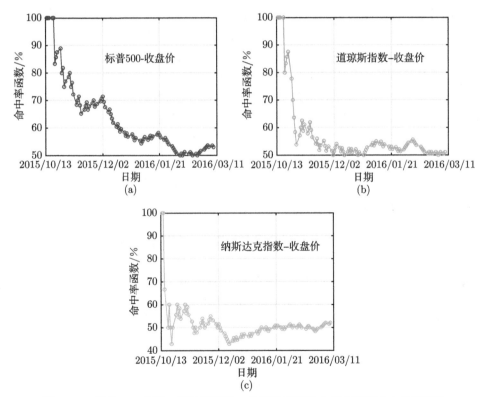

图 5.17　标普 500 指数、道琼斯指数、纳斯达克指数收盘价预测命中率的波动

图 5.17 展示了三种不同指数的收盘价预测命中率波动, 对比于图 5.15 中二维信号预测情况, 其开始阶段的命中率有明显提高. 这是因为有股票市场其他指数信息的加入, 提高了预测的准确性. 从均方误差和平均绝对误差的计算结果来看, 在预测标普 500 指数和道琼斯指数的收盘价时, 时滞参数化方法比反嵌入方法有更好的预测效果. 然而时滞参数化方法预测纳斯达克指数收盘价

的预测误差比反嵌入方法预测纳斯达克指数收盘价的预测误差稍微大一些, 这其中原因可能是纳斯达克指数收盘价演化混乱度太大 (最大 Lyapunov 指数相对较大), 造成求解出来的时间延迟参数有限制, 使得混沌时间序列的可预测性减小, 如图 5.17 (c).

5.2.4 小结

基于嵌入定理和拓扑等价理论, 本节提出了时间序列预测的时滞参数化方法, 该方法可以很好地预测混沌时间序列, 包括低维中程时间序列. 由于低维中程时间序列中没有足够多的信息, 其他的预测方法并不适用这种观测数据. 时滞参数化方法的思想受启发于马欢飞等提出的预测高维短程时间序列的反嵌入方法. 我们比较了时滞参数化方法与反嵌入方法, 发现两种方法的计算时间几乎没有差别, 但是时滞参数化方法的预测误差比反嵌入方法小. 另外, 时滞参数化方法在 Lorenz 混沌时间序列预测、材料的塑性变形过程中应力-应变信号预测、股票价格波动走势的预测中的应用充分说明了该方法的可行性与有效性.

时滞参数化方法能有效地基于低维中期时间序列对确定性系统, 甚至对确定性混沌系统 (Lorenz 系统) 进行预测. 自然地, 一个问题出现了, 我们能给出低维短程时间序列的预测吗? 这种时间序列在各个学科的研究中非常普遍, 如极端条件下的工程试验观察、罕见疾病的遗传与传播、micro-RNA 上的抗原表位等. 由于信息的严重不足, 对低维短程时间序列进行预测是十分困难的. 这是一个有待进一步研究的开放问题.

5.3 动态前馈神经网络预测机制的应用

本节我们运用动态前馈神经网络预测了 Lorenz 混沌时间序列和标普 500 股票指数 [184]. 通过与长短时记忆网络 (LSTM) 方法的预测误差对比, 表明动态前馈神经网络预测机制预测效果更优. 长短时记忆网络是为了解决一般循环神经网络中长期依赖问题而设计的[104]. 常见的 LSTM 单元由单元、输入门、输出门和忘记门组成, 单元会记住任意时间间隔内的值, 并且通过三个门控制着进出单元的信息流[124,125]. 这里, LSTM 预测方法是通过 MATLAB 深度学习工具箱实现的.

5.3.1 混沌时间序列预测

利用经典的 Lorenz 混沌时间序列预测来展示 DFNN 预测方法的预测过程与预测效果. Lorenz 混沌时间序列通过求解方程 (5.3) 获得, 求解过程中设定初值为 $(0.1, 0.1, 0.1)$, 时间区间为 $[0, 200]$, 采样时间间隔为 0.02. 为了确保初值和时间序列在混沌吸引子中, 我们用求解的时间序列的最后一个点 (x_0, y_0, z_0) 作为新的初值代入方程 (5.3) 再次求解. 通过求解共获得 10001 个三维向量, 选取从第 2001 到第 2500 个向量来训练网络, 第 2500 个以后的数据用来测试预测效果.

例子中相应目标函数定义为

$$f = \frac{1}{3} \sum_{k=1}^{3} [\text{mean}(|s_k'(\cdot) - s_k(\cdot)|)/\text{std}(|s_k'(\cdot) - s_k(\cdot)|)], \qquad (5.8)$$

这里, s_k, $1 \leqslant k \leqslant 3$ 分别对应于归一化的 x, y 和 z 信号; s_k', $1 \leqslant k \leqslant 3$ 代表预测值. $\text{mean}(w(\cdot))$ 和 $\text{std}(w(\cdot))$ 分别表示对 $\{w(j) : M + 1 \leqslant j \leqslant N\}$ 求平均值和求标准差, N 是时间序列的长度, M 是重构相空间中点的个数. 可以观察到这里定义的目标函数 (5.8) 与公式 (3.22) 不同, 这是因为混沌时间序列中的一些值特别接近于零, 不适合做分母, 所以目标函数改成了公式 (5.8) 的形式.

建立一个两层的前馈神经网络结构来训练数据, 输入矩阵 P 由获得的三维向量构成, 输出矩阵是重构的相空间. 在训练网络的过程中, 70% 的样本用来训练网络, 15% 的样本用来验证训练的网络, 剩余 15% 的样本用来测试训练的网络. 均方误差被用来刻画训练的效果. 例子中网络结构设置的隐藏神经元个数固定为 20. 整数限制的粒子群优化算法求解最优时间延迟时的程序参数设置如下: 初始种群大小 $Q = 10$, 惯性权重 $w = 0.8$, 自我认知因子 $C_1 = 0.5$, 种群学习因子 $C_2 = 0.5$, 最大迭代步数设为 500. 设置 LSTM 预测方法含有 300 个隐单元, 求解器设为 "adam", 训练 250 轮. 为了防止梯度爆炸, 将梯度阈值设置为 1, 指定初始学习率 0.005, 在 125 轮训练后通过乘以因子 0.2 来降低学习率.

图 5.18 (a), (b) 分别展示了获得网络结构过程对应的训练、验证、测试的均方误差以及误差柱状图. 图 5.18 (a) 的内嵌图是对应神经网络的结构图. 通过计算我们发现, 最优时间延迟的选择不仅依赖于时间序列而且依赖于获取的网络结构. 在这个例子中, 利用后向传播 (BP) 神经网络训练网络结构时最优时间延迟参数 $(\tau_x, \tau_y, \tau_z) = (2, 3, 1)$, 而利用径向基 (RBF) 神经网络训练网络结构时的最优时间延迟参数 $(\tau_x, \tau_y, \tau_z) = (4, 3, 1)$. 图 5.18 (c) 是训练值与真实值的对比, 图 5.18 (d) 是预测值与真实值的对比, 图 5.18 (e) 给出了吸引子真实轨道与预测值形成的轨道的对比, 图 5.18 (f) 列出了 x, y, z 三个信号的预测误差. 上述结果表明, 我们提出的动态前馈神经网络预测方法可以很好地预测 Lorenz 混沌时间序列随后的 120 个坐标点. 表 5.8 统计了 DFNN-BP 方法预测 Lorenz 系统时选取的时间延迟, 以及 DFNN-BP 方法比较 LSTM 方法预测结果的均方误差 (MSE)、平均绝对误差 (MAE)、相对均方误差 (RMSE). 结果指出 DFNN 机制的预测性能比 LSTM 方法好得多.

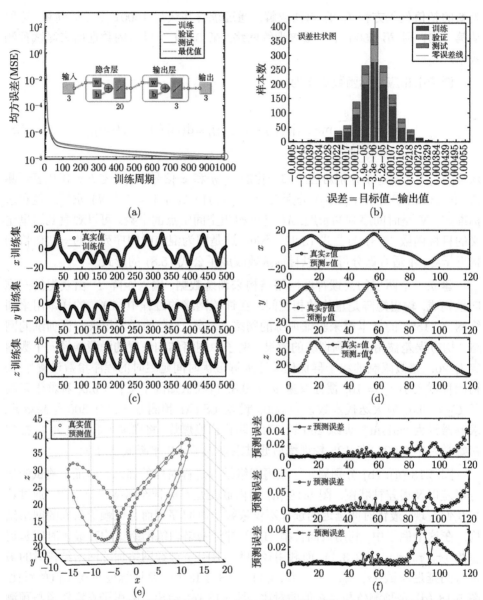

图 5.18   Lorenz 混沌时间序列的预测. (a) 获得网络对应的训练、验证、测试的均方误差, 内嵌图是对应神经网络的结构图; (b) 获得网络对应的训练、验证、测试的误差柱状图; (c) 训练值与真实值的对比; (d) 预测值与真实值的对比; (e) 吸引子真实轨道与预测值形成的轨道的对比; (f) 混沌时间序列信号的预测误差

表 5.8 DFNN-BP 方法预测 Lorenz 系统时选取的时间延迟, 以及 DFNN-BP 方法和 LSTM 方法预测结果的均方误差 (MSE)、平均绝对误差 (MAE)、相对均方误差 (RMSE)

Lorenz 系统预测	DFNN-BP			LSTM		
	x	y	z	x	y	z
时间延迟	2	3	1			
MSE	1.3608e−04	4.4048e−04	1.8830e−04	0.2209	0.5871	0.0979
MAE	0.0059	0.0150	3.8975e−04	0.1826	0.6857	0.0116
RMSE	0.0015	0.0027	4.0603e−07	0.7186	8.9457	0.0004

5.3.2 股票市场指数预测

接下来考虑我们的预测机制在美国股票市场中标普 500 指数 (Sp500) 预测的应用. Sp500 指数从 2015 年 5 月 13 日到 2016 年 5 月 24 日的日 K 线图和成交量 (图 5.19 (a)) 下载于雅虎金融网 (https://finance.yahoo.com/). Sp500 指数的最高价 (x_1)、开盘价 (x_2)、最低价 (x_3)、收盘价 (x_4) 被选作预测系统的四个变量. 由于美国股票市场一年中有 252 或者 253 个交易日, 我们选取了从 2015 年 5 月 13 日到 2016 年 5 月 12 日一年内 253 个交易日的数据来训练网络, 然后预测 2016 年 5 月 13 日到 2016 年 5 月 24 日共 8 个交易日的价格走势.

变量 x_i $(1 \leqslant i \leqslant 4)$ 首先被归一化到 $s_i = x_i/(\max(x_i) - \min(x_i))$. 非延迟嵌入相空间定义为 $P = [s_1, s_2, s_3, s_4]^{\mathrm{T}}$, 重构相空间的嵌入维数设定等于变量个数, 即嵌入维数等于 4. 第 k 个变量重构相空间为

$$Y_k = [s_k(j), s_k(j+\tau), s_k(j+2\tau), s_k(j+3\tau)]^{\mathrm{T}}, \quad 1 \leqslant k \leqslant 4.$$

记矩阵

$$P = \begin{pmatrix} s_1(1) & s_1(2) & \cdots & s_1(M) & \cdots & s_1(N) \\ s_2(1) & s_2(2) & \cdots & s_2(M) & \cdots & s_2(N) \\ s_3(1) & s_3(2) & \cdots & s_3(M) & \cdots & s_3(N) \\ s_4(1) & s_4(2) & \cdots & s_4(M) & \cdots & s_4(N) \end{pmatrix}, \tag{5.9}$$

$$Y_k = \begin{pmatrix} s_k(1) & s_k(2) & \cdots & s_k(M) & \cdots & s_k(N) \\ s_k(1+\tau) & s_k(2+\tau) & \cdots & s_k(M+\tau) & \cdots & s_k(N+\tau) \\ s_k(1+2\tau) & s_k(2+2\tau) & \cdots & s_k(M+2\tau) & \cdots & s_k(N+2\tau) \\ s_k(1+3\tau) & s_k(2+3\tau) & \cdots & s_k(M+3\tau) & \cdots & s_k(N+3\tau) \end{pmatrix}. \tag{5.10}$$

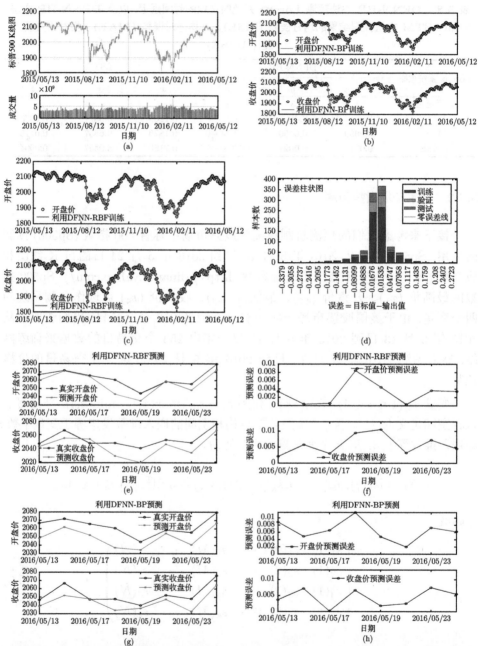

图 5.19 标普 500 指数预测. (a) 2015 年 5 月 13 日到 2016 年 5 月 24 日标普 500 指数的
日 K 线图和成交量; (b) 利用 DFNN-BP 训练开盘价和收盘价的结果; (c) 利用 DFNN-
RBF 训练开盘价和收盘价的结果; (d) DFNN-BP 训练得到的网络对应的训练、验证、测试的
误差柱状图; (e) DFNN-RBF 预测的开盘价、收盘价与真实值对比; (f) DFNN-RBF 的预测误
差; (g) DFNN-BP 预测的开盘价、收盘价与真实值对比; (h) DFNN-BP 的预测误差

这里 N 是数据长度, $M = N - 3\tau$ 是长度为 N 的时间序列重构相空间中相点的个数, 矩阵 P 和 Y_k 的前 M 列被用来训练网络, 矩阵 P 的第 $M+1$ 列到第 N 列组成新的输入矩阵用来预测矩阵 Y_k 的第 M 列之后的未知量. 适应度函数定义为

$$f = \frac{1}{4} \sum_{k=1}^{4} \left[\mathrm{mean}\left(\left| \frac{s'_k(\cdot) - s_k(\cdot)}{s_k(\cdot)} \right| \right) \bigg/ \mathrm{std}\left(\left| \frac{s'_k(\cdot) - s_k(\cdot)}{s_k(\cdot)} \right| \right) \right], \tag{5.11}$$

这里, $s'_k(j)$, $1 \leqslant k \leqslant 4$, $M+1 \leqslant j \leqslant N$ 是预测值, mean, std 分别表示取平均值和取标准差.

通过整数限制的粒子群优化算法 (ICPSO) 选择令适应度函数取得最小值的时间延迟就是最佳时滞参数. 求解最优参数时 ICPSO 算法中的程序参数设置与 Lorenz 混沌时间序列预测时设置得一致, 这里不再赘述.

利用 DFNN-BP 做预测时所需的最佳参数为 $(\tau_1, \tau_2, \tau_3, \tau_4) = (1, 6, 9, 6)$, 而利用 DFNN-RBF 做预测时所需的最佳参数为 $(\tau_1, \tau_2, \tau_3, \tau_4) = (6, 6, 6, 6)$. 长短时记忆神经网络预测方法参数设置为: 隐单元个数设为 300, 求解器设为 "adam", 梯度阈值设置为 1; 共训练 250 轮, 初始学习率为 0.005, 在 125 轮训练后降低到学习率为 0.001. 在获得网络结构和最佳时间延迟参数后, 利用获得的网络结构以及矩阵 P 的第 $M+1$ 列到第 N 列组成新的输入矩阵来预测 $s'_k(N+1)$, $1 \leqslant k \leqslant 4$. 每轮迭代使得每个观测变量只增加一个预测值, 在此次例子中, 共进行 8 次迭代. 然后, 对预测值作反归一化处理,

$$x'_i = s'_i * (\max(x_i) - \min(x_i)).$$

图 5.19 (b), (c) 分别展示了利用 DFNN-BP 和 DFNN-RBF 训练开盘价即收盘价的结果. 图 5.19 (d) 是利用 DFNN-BP 获取网络结构过程中训练、验证、预测的误差柱状分布图. 利用 DFNN-BP 预测机制和 DFNN-RBF 预测机制对开盘价及收盘价的预测结果见图 5.19 (e), (g), 相应的预测误差为图 5.19 (f), (h). 从结果可以看出, 未来 8 个交易日的开盘价和收盘价的变化趋势得到很好的预测. DFNN-RBF, DFNN-BP, LSTM 三种预测机制的对比结果见表 5.9. 通过比较各种预测误差的量化指标, 我们发现 DFNN-RBF 和 DFNN-BP 的预测误差均小于 LSTM 方法的预测误差, 说明动态前馈神经网络预测机制的预测效果要比长短时记忆网络预测方法优越.

表 5.9 DFNN-BP, DFNN-RBF 方法预测标普 500 指数时选取的时间延迟;
DFNN-BP, DFNN-RBF, LSTM 方法预测结果的均方误差 (MSE)、平均绝对误
差 (MAE) 以及相对均方误差 (RMSE)

标普 500 指数预测	DFNN-BP		DFNN-RBF		LSTM	
	开盘价	收盘价	开盘价	收盘价	开盘价	收盘价
时间延迟	6	6	6	6		
MSE	210.2189	108.6076	67.9197	172.8249	491.9592	655.8992
MAE	0.0065	0.0044	0.0031	0.0057	0.0093	0.0118
RMSE	4.9381e−05	2.5676e−05	1.6006e−05	4.1164e−05	0.0001	0.0002

5.3.3 小结

利用对信号的预测可以对异常现象进行早期检测, 为及时做出反应提供指导, 避免可能产生的不利影响. 我们的研究是整合气象、流行病学、经济学等学科所需的理论预测工具的组成部分. 本节设计并分析了一种基于动态前馈神经网络的预测系统. 在预测过程中利用前馈神经网络结构连接了时间序列的动态演化信息和观测变量中隐含的信息, 并且在参数求解过程中利用了人工智能算法. 经典的 Lorenz 系统被用来测试我们的方法的预测性能, 另外, 对标普 500 指数未来 8 个交易日开盘价和收盘价走势的准确预测, 展示出动态前馈神经网络预测方案具有良好的应用性能.

5.4 美国类流感疾病的预测

5.4.1 问题简介

流感是一种传染性很强的呼吸道疾病, 在过去的 300 年里, 全世界大约发生了 10 次大型传染病疫潮[126]. 发生在 1918 年至 1919 年间的著名的 "西班牙大流感", 造成 2000 万至 4000 万人死亡, 超过第一次世界大战的死亡人数, 在所有传染病中排名第一[127,128]. 流感不仅会造成大量的人口发病和死亡 (特别是易感人群)[129], 对公众健康构成重大风险, 而且会给一个国家带来巨大的经济损失和社会负担. 仅在美国, 每年因流感大流行风险而造成的经济损失预计约为 5000 亿美元[130]. 因此, 在潜伏期预测疾病的时空信息是至关重要的, 它可以为准备应对措施以及避免大流行病可能造成的不利影响提供指导.

类流感疾病 (ILI) 是一类急性呼吸道感染并出现类似流感的综合征/症状, 是对可能引起一系列常见症状的流感或其他疾病的医学诊断. 美国疾病控制和预防中心 (CDC) 将 ILI 定义为除流感外未知原因引起的发热、咳嗽、喉咙痛等病症 (见网页: http://www.cdc.gov/flu/weekly/overview.htm). CDC 通过从医疗报告中收集信息, 不断监测美国人口中类流感疾病的循环变化情况. 这些报告记录了出

现流感症状的患者占就医者的百分比. 研究表明, 有潜在健康状况的成年人更容易报告流感, 但大多数人没有及时就医, 错过了早期流感抗病毒治疗的机会[131]. 另外, 通过准确预测流感的暴发并采取预测措施, 比如封校, 流感的影响可以被降低[132]. 然而, CDC 不能及时反映疾病最新的发展和过程, 因为数据的收集和复杂的报告过程造成了至少 7 至 14 天的延迟.

在过去的十几年里, 许多学者试图在 CDC 报告发布之前估计出 ILI 的活动. Polgreen 等利用互联网搜索频率进行流感监测, 可以提供流感发生前 1—3 周时间的预测[133]. Ginsberg 等应用了谷歌流感趋势 (GFT) 系统估算当前的流感活动并且非常及时地成功预测了 H1N1 的传播[85]. 作为一个被广泛接受的数字疾病检测系统, 其早期的准确率达到了令人印象深刻的 97%, 但在 ILI 高暴发的多个时间段内 (2011—2013 年间) 其不准确性导致了人们对这些数据的效用的怀疑[134,135]. 这促进了推特[136-138]、维基百科[139,140]、社交媒体流[141-143] 等其他在线搜索引擎的使用来提供有关类流感疾病的信息.

为了及早发现疾病暴发, 研究人员对不同的数据源使用了不同的数学方法和机器学习算法. Ginsberg 等应用了谷歌流感趋势 (GFT) 系统估算当前的流感活动. GFT 的工作原理是: 如果一个人患有流感, 他或她很可能会在互联网上搜索与该疾病有关的信息, 那么通过提取与流感相关的搜索引擎关键字 (例如 "感冒""喉咙痛""发热" 等该疾病的其他症状) 并分析数据, 可以估算出区域流感的流行情况. 与官方的卫生组织相比, 谷歌确实已成为一个更高效、更及时的指示器. 但是,《自然》杂志上的一篇文章报道了 GFT 对 ILI 峰值的过高估计, GFT 预测的类流感疾病诊所就诊次数高于 CDC 统计结果的两倍[134].《科学》杂志的一篇论文断言, 这种高估是由数据的缺陷和算法的动态性造成的[136]. 大数据在改善公共卫生方面具有巨大潜力, 但如果背景信息不足, 则大数据具有误导性.

GFT 团队由于在 2011—2013 年内预测准确性下降而不再发布当前估计, 这促进了其他在线搜索引擎的使用以及机器学习算法的设计. McIver 和 Brownstein 开发了基于维基百科的泊松模型[140], 该模型可以比 CDC 提前两周准确估算美国人群中 ILI 的水平. Lee 等[141] 提出了一个以流感相关的推特数据为特征的模型, 并利用多层感知机反向传播算法预测了患有 ILI 的美国人口的每周百分比. 所提出的模型比传统流感监测系统更快更准确地预测当前和未来 2—3 周的流感活动. Santillana 等[142] 使用了基于多种数据源的自回归模型, 包括谷歌搜索、推特、微博, 近乎实时的医疗就诊记录, 以及参与式监控系统的数据, 被用来加强流感监控. 他们利用每个数据源中的信息, 在 CDC 发布 ILI 报告的四周前准确地预测出每周的 ILI 患病百分比. Wang 等[138] 开发了一个原型系统, 它可以通过推特数据流的自动收集、分析和建模来研究流感变化趋势. 他们还提出了一个动态的时空数学模型来预测未来的推特指示性流感病例.

$$\frac{\partial u}{\partial t} = \frac{\partial \left(ae^{-bx}\dfrac{\partial u}{\partial x} \right)}{\partial x} + r(t)u\left[h(x) - \frac{u}{K} \right],$$

这里, $u = u(x,t)$ 是区域 x 在 t 时刻的病例密度; $\partial u/\partial t$ 是 u 随时间进程的改变率; $\partial u/\partial x$ 是 u 随区域变化的改变率; $\partial \left(ae^{-bx}\dfrac{\partial u}{\partial x} \right) \Big/ \partial x$ 表示流感在区域内的传播; $r(t)u[h(x) - u/K]$ 表示流感在区域间的传播. 这个偏微分方程模型可以在时间域和空间域维度做预测, 然而文章中缺少了偏微分性质的分析以及与 CDC 流感数据的详细对比.

Xue 等[143] 利用 GFT 和 CDC 数据建立了 5 种回归模型来预测、评估美国十个区域 (美国卫生和公众服务部划分) 的流感病例情况. 分别建立了 GFT 回归模型 (模型 a)、加权 GFT 回归模型 (模型 b)、CDC 回归模型 (模型 c), 加权 CDC 回归模型 (模型 d), 以及 GFT-CDC 回归模型 (模型 e).

$$a : \text{ILI}_{i,t} = \sum_{k=1}^{P} \chi_k X_{i,t-k} + \tau_t,$$

$$b : \text{ILI}_{i,t} = \beta_1 X_{i,t} + \sum_{j\neq i,j=1}^{N} \lambda_j \omega_{i,j} X_{j,t} + \nu_t,$$

$$c : \text{ILI}_{i,t} = \sum_{k=1}^{P} \alpha_k \text{ILI}_{i,t-k} + \varepsilon_t,$$

$$d : \text{ILI}_{i,t} = \sum_{k=1}^{P} \beta_k \text{ILI}_{i,t-k} + \sum_{j\neq i,j=1}^{N} \lambda_j \omega_{i,j} \text{ILI}_{j,t} + \theta_t,$$

$$e : \text{ILI}_{i,t} = \sum_{k=1}^{P} \mu_k \text{ILI}_{i,t-k} + \sum_{m=1}^{P} \delta_m X_{i,t-m} + \sigma_t.$$

这里, $\text{ILI}_{i,t}$ 表示区域 i, 第 t 周从 CDC 获取的 ILI 病例情况; $X_{i,t}$ 表示区域 i, 第 t 周从 GFT 获取的 ILI 病例情况; P 是因变量 $X_{i,t-k}$ 的滞后阶数; N 是区域个数; $\omega_{i,j}$ 是区域 i 与区域 j 的关联权重; $\chi_k, \alpha_k, \beta_k, \mu_k, \delta_m$ 和 λ_j 是模型的回归系数; $\tau_t, \nu_t, \varepsilon_t, \theta_t$ 和 σ_t 是 t 周模型的残差. 这些模型引入滞后变量, 并应用多元回归方法进行预测. 采用最小二乘法和人工神经网络对模型参数进行拟合, 并对各模型的预测精度进行了比较. 结果表明, 季节性的 GFT+CDC 回归模型 (模型 e) 能准确预测未来 16 周的数值.

在理论分析层面, 学者们采用了传播动力学模型, 例如易感—感染—恢复 (SIR) 模型[144], 易感—潜伏—感染—恢复 (SEIR) 模型[145] 和离散时间的 SEIR[146]

模型, 来表征疾病传播. 上述模型中的参数和变量使用实时观测的数据进行迭代优化, 同时估算了主要的流行病学参数, 包括易感性、基本再生数、发病率和感染期等, 还分析了动力系统的渐近稳定性. 这些关键的流行病学参数和系统的稳定性对于确定疾病传播特征、制定预防和遏制措施至关重要. 回顾性分析十分必要, 因为它可以描述观察到的趋势. 根据我们以前的工作, 可以通过定义在多维观测变量空间 X 上映射到动态演化相空间 Y 上的关联函数 Φ 来实现低维时间序列的预测. 受工业过程中异常信号检测系统的设计与分析的启发[147-149], 我们旨在设计基于多变量观测信号和信号动态演化信息的预测系统, 提出了使用动态径向基神经网络方法来建立关联函数 Φ. 该系统不仅可以预测未来的流感暴发情况, 还可以通过多变量回归分析探索不同变量之间的相关性情况 [183].

5.4.2 数据获取与统计分析

这里, 我们首先陈述了 CDC 收集的加权 ILI 数据, 以及一些系统变量的定义. 然后, 我们分析这些加权 ILI 数据的时空分布信息. 高斯型函数被用来描述数据的时间分布和演化趋势, 同时多元回归分析被用来分析数据隐含的空间分布信息. 蕴含空间分布信息的回归方程可用于补充目标区域中的缺失数据. 另外, 本节针对回归方程的回归系数做了敏感性与相关性分析, 从而揭示不同区域之间隐藏的关联关系.

美国 CDC 网站记录了表征有类流感疾病症状的就医人数, 提供了实时更新的以及历史的数据. 其中国家的、各地区的, 以及每个州的 ILI 病例情况可通过 ILInet 获得. 从网站上, 我们下载了从 2010 年到 2018 年十个地区 (由美国卫生和公众服务部门定义) 每周的加权 ILI 数据集. 图 5.20 展示了由卫生和公众服务部 (HHS) 对美国这十个区域的划分, 并举例列出来区域 9 和区域 6 的加权 ILI 数据直方图, 进一步画出了加权 ILI 数据在时间和空间维度上分布的等高线图.

从图 5.20 中的等高线可以看出, ILI 的暴发是近似周期的, 即在时间维度上是季节性的 (ILI 在冬季达到峰值). 不同区域的 ILI 的峰值也有不同, 区域 6 的峰值比其他区域相对较高. 另一方面, 从时间和空间两个层面上提取的有关 ILI 动态演化和扩散的信息将有助于准确预测疫情. 为了准确预测 ILI 的暴发, 对 ILI 的时空分布进行统计分析至关重要. 为此我们收集了十个区域中从 2010 年第 1 周到 2018 年第 52 周 (共 469 周) 的加权 ILI 数据, 所以 "周" 可以定义为时间变量. 也就是说, 时间变量在 1 到 469 之间变化. 此外, 因每年冬季都是 ILI 发病的高峰期, 为了方便提取时间分布信息, 我们将一年中的第 30 周作为一个阶段的起始点, 将下一年的第 29 周作为该段的结束点. 以区域 6 采集的数据为例, 将第 30 周至第 446 周 (2010 年第 30 周至 2018 年第 29 周) 的数据分为 8 段, 每段从一年的第 30 周开始, 到次年的第 29 周结束. 其中所有数据的前 7 段作为训练集, 第 8 段作为测试集, 见图 5.21 (a).

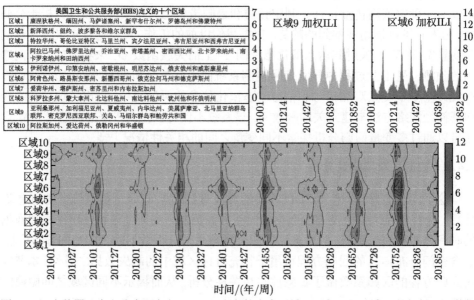

图 5.20　由美国卫生和公众服务部 (HHS) 定义的十个区域; 区域 9 和区域 6 的加权 ILI 数据直方图; 加权 ILI 数据在时间和空间维度上分布的等高线图

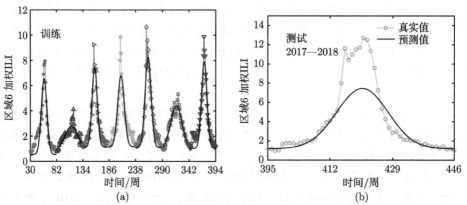

图 5.21　区域 6 中加权 ILI 数据的拟合效果和趋势预测. (a) 训练集: 2010 年第 30 周至 2017 年第 29 周的数据; (b) 测试结果: 2017 年第 30 周至 2018 年第 29 周的数据

5.4.3　高斯函数模型: 时域分布与趋势预测

根据图 5.21 (a) 中每段的 ILI 的变化趋势, 我们假定高斯型函数作为每一段

时域上的分布函数. 即每段数据由高斯函数拟合,

$$y_i^j(t) = \min_i^j + a_i^j * \exp\left(-\left(\frac{t - b_i^j}{c_i^j}\right)^2\right), \quad 1 \leqslant i \leqslant 7, \quad 1 \leqslant j \leqslant 10, \quad (5.12)$$

这里, $y_i^j(t)$ 表示区域 j 第 i 段的加权 ILI 数值; $\min_i^j$ 是区域 j 第 i 段加权 ILI 数值的最小值; a_i^j, b_i^j 和 c_i^j 是相应的拟合参数; $\min_i^j + a_i^j$ 反映了 ILI 暴发的幅度, b_i^j 表示 ILI 暴发达到峰值时对应的时间, c_i^j 揭示高患病率的持续时间. 图 5.21 (a) 展示了区域 6 中第 30 周至第 394 周 (2010 年第 30 周至 2017 年第 29 周) 数据的拟合效果, 相关拟合参数见表 5.10. 我们尝试根据过去 7 个时间段参数的变化趋势来预测第 8 个持续期的参数 (即 $\min_8^j$, a_8^j, b_8^j), 从而实现第 395 周到第 449 周 (即 2017 年第 30 周到 2018 年第 29 周) 的加权 ILI 演化趋势的简单预测.

表 5.10 高斯型函数拟合各区域不同段的加权 ILI 的拟合参数

	$i=1$	$i=2$	$i=3$	$i=4$	$i=5$	$i=6$	$i=7$
$\min_i^1$	0.2401	0.3789	0.3841	0.3040	0.3574	0.3569	0.2922
a_i^1	1.5416	0.4827	2.7048	1.5498	2.5436	1.7282	2.2669
b_i^1	58.7556	109.6090	158.2320	215.7473	265.7389	321.3116	372.6946
c_i^1	9.5795	16.6116	6.2168	13.6540	9.3420	11.4456	10.1198
$\min_i^2$	0.3102	0.3726	0.3479	0.6727	1.1043	0.6605	0.5338
a_i^2	3.6032	0.9266	4.0042	2.2811	3.4865	2.5342	4.8712
b_i^2	57.3418	108.3610	159.9316	217.7981	263.6899	320.8599	369.5648
c_i^2	13.6589	17.5747	10.5734	20.0556	10.6754	10.7861	12.6154
$\min_i^3$	0.7240	0.6870	0.6173	0.6534	0.5907	0.7963	0.6624
a_i^3	3.1398	0.8764	3.8664	2.2939	4.8272	2.0247	3.5841
b_i^3	57.4092	118.4506	158.5379	212.0704	261.9030	320.1372	371.4897
c_i^3	6.9398	33.9753	8.6518	9.8227	6.3531	15.2275	8.4854
$\min_i^4$	0.6170	0.5129	0.3557	0.3643	0.5141	0.4395	0.4899
a_i^4	4.1268	1.4037	3.6266	2.8987	4.0985	2.2746	4.2054
b_i^4	55.6907	110.7905	156.4009	209.0853	261.0534	321.7756	371.7245
c_i^4	8.0641	21.4054	10.1351	8.5443	7.7870	12.4974	10.3209
$\min_i^5$	0.4017	0.4404	0.4900	0.4872	0.4777	0.5246	0.4863
a_i^5	2.8910	1.1575	3.4276	1.9501	4.4353	1.7273	3.0559
b_i^5	58.3867	110.1834	158.2897	211.6695	260.1672	320.4945	372.0247
c_i^5	7.0142	15.4075	8.1909	12.5374	4.4721	12.3549	9.1853
$\min_i^6$	0.5416	0.7793	1.1470	1.1610	1.0912	0.9074	1.0321
a_i^6	6.0307	1.9984	6.3098	5.6433	7.1752	3.5046	6.8873
b_i^6	57.0632	111.0778	157.4176	209.2823	262.2943	316.7077	371.6040
c_i^6	7.7869	18.8405	7.3370	9.0876	8.1471	15.8980	7.5519
$\min_i^7$	0.0603	0.0475	0.1009	0.1240	0.1150	0.1163	0.0793
a_i^7	3.6257	2.5450	5.0582	3.0472	4.3365	1.6262	4.6683
b_i^7	58.1980	110.3684	158.5197	210.1542	262.8955	318.9331	370.5431
c_i^7	8.4807	10.3954	8.6865	7.6145	9.1062	15.9893	7.1023

续表

	$i=1$	$i=2$	$i=3$	$i=4$	$i=5$	$i=6$	$i=7$
$\min_i^8$	0.2166	0.2748	0.4445	0.3131	0.3445	0.3880	0.2027
a_i^8	2.1129	1.2553	3.4261	2.0579	3.0876	1.5770	1.7873
b_i^8	59.1553	110.8542	158.9576	210.4407	263.0373	321.4815	369.2710
c_i^8	7.1201	15.4716	7.3032	8.6690	7.1128	10.2273	12.8131
$\min_i^9$	1.2012	0.5236	1.0686	1.0319	0.9637	0.8830	0.7776
a_i^9	3.0057	2.4712	3.4749	2.9820	3.0987	2.6286	1.9205
b_i^9	56.7823	110.2593	160.5006	211.4306	264.7312	319.4080	369.1766
c_i^9	12.5801	20.4743	9.8413	9.4295	12.2654	11.6170	14.7491
$\min_i^{10}$	0.2190	0.2022	0.1526	0.1176	0.1195	0.1041	0.1170
a_i^{10}	2.6658	1.4010	2.7773	3.2188	2.6983	1.8938	2.6480
b_i^{10}	59.3907	113.5817	158.9997	210.0396	262.8361	321.2569	367.9301
c_i^{10}	9.9444	14.8607	7.5452	4.4458	8.4146	9.8597	7.7775

我们利用线性回归方程来提取相应拟合参数的变化特征. 回归方程为 $f_i = r_1 * t_i + r_2$, 这里 f_i 可以是 $\min_i^j$, a_i^j, b_i^j, c_i^j. 时间变量 t_i 取值为每一段的开始时间点, 即 $t_i = 30, 82, 134, 186, 238, 291, 343, 395$. r_1 和 r_2 是通过最小二乘拟合方法获得的回归系数. 表 5.11 给出了不同区域中拟合参数对应的回归系数 r_1, r_2, 以及对第 8 段拟合参数 ($\min_8^j$, a_8^j, b_8^j, c_8^j) 的预测数值.

表 5.11　不同区域拟合参数的回归系数 r_1, r_2, 区域 8 拟合参数 $\min_8^j, a_8^j, b_8^j, c_8^j$ 的预测值

		$\min_i^j$	a_i^j	b_i^j	c_i^j	$\min_8^j$	a_8^j	b_8^j	c_8^j
$j=1$	r_1	6e-5	0.0031	1.0080	−0.0038	0.3426	2.4735	424.9776	10.1992
	r_2	0.3197	1.2577	26.7997	11.7064				
$j=2$	r_1	1e-3	0.0045	1.0030	−0.0114	0.8571	4.0299	423.2827	11.3305
	r_2	0.3170	2.2719	27.0845	15.8255				
$j=3$	r_1	6e-6	0.0031	0.9918	−0.0240	0.6772	3.5974	421.2929	7.7690
	r_2	0.6747	2.3620	29.5231	17.2513				
$j=4$	r_1	−3e-4	0.0017	1.0095	−0.0091	0.4178	3.5822	423.0484	9.3447
	r_2	0.5175	2.9222	24.3125	12.9518				
$j=5$	r_1	3e-4	0.0018	1.0017	−0.0022	0.5311	3.0382	422.1025	9.4139
	r_2	0.4203	2.3291	26.4261	10.2966				
$j=6$	r_1	0.0011	0.0044	0.9992	−0.0039	1.1895	6.2812	420.7511	9.8471
	r_2	0.7388	4.5457	26.0727	11.3934				
$j=7$	r_1	1e-4	0.0004	0.9984	0.0051	0.1216	3.6368	421.1726	10.6993
	r_2	0.0654	3.4879	26.8225	8.6661				
$j=8$	r_1	6e-5	−0.0005	0.9964	0.0044	0.3240	2.0878	421.2784	10.7372
	r_2	0.3013	2.2742	27.6975	8.9952				
$j=9$	r_1	−5e-4	−0.0023	0.9991	−0.0060	0.8274	2.3223	421.7170	11.7443
	r_2	1.0053	3.2214	27.0603	14.1090				
$j=10$	r_1	−4e-4	0.0006	0.9890	−0.0107	0.0710	2.5922	419.8446	6.7517
	r_2	0.2156	2.3644	29.2035	10.9656				

第 6 区域和其他区域第 395 周到第 449 周 (第 8 段) 的加权 ILI 数值的预测

值与真实值对比见图 5.21 (b) 和图 5.22. 从图中我们能够看出, 高斯函数模型利用时域分布信息可以对每一个分段的加权 ILI 的初始阶段和结束阶段实现较好的预测. 同时, ILI 病例大暴发的时间也可以用 b_i^j 近似估计. 然而暴发的峰值不能得到很好的预测, 其主要原因可能是参数 a_i^j 的欠拟合.

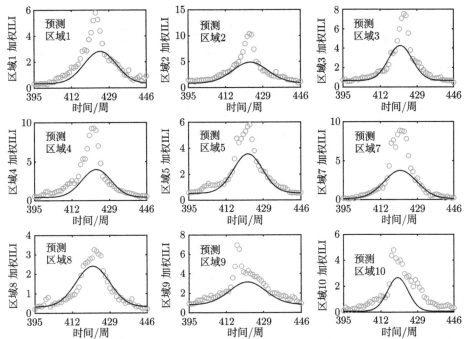

图 5.22 利用高斯函数模型预测各个地区第 8 段, 即第 395 周到第 449 周 (2017 年第 30 周到 2018 年第 29 周) 的加权 ILI 结果

5.4.4 多元多项式回归: 空间分布信息

对于加权 ILI 的空间分布, 我们旨在寻找一个区域与其他区域之间的相互关系, 并建立回归方程. 利用回归方程, 研究人员可以修补个别区域因异常情况造成的统计数据缺失.

我们设定区域 i 的线性回归方程为

$$\hat{x}_i = c_0 + c_t * \text{week} + \sum_{j=1, j \neq i}^{10} c_j * x_j, \tag{5.13}$$

这里, week 是时间变量, x_i 是第 i 个地区的加权 ILI 数值; c_0, c_t, c_i 分别是对应的回归系数. 回归方程的性能通过皮尔逊相关系数来衡量, 变量 x_i 与 $\hat{x}_i$ 之间的

皮尔逊相关系数定义为

$$\text{Cor}(x_i, \hat{x}_i) = \frac{\text{Cov}(x_i, \hat{x}_i)}{\sqrt{\text{Var}(x_i)\text{Var}(\hat{x}_i)}}, \tag{5.14}$$

这里, $\text{Cov}(x_i, \hat{x}_i)$ 表示变量 x_i 与 $\hat{x}_i$ 之间的协方差, $\text{Var}(x_i)$ 表示变量 x_i 的方差, $\text{Var}(\hat{x}_i)$ 是变量 $\hat{x}_i$ 的方差. 各个区域的回归系数见表 5.12.

表 5.12   各个地区加权 ILI 的回归系数 ("Rg" 表示区域)

	\multicolumn{10}{c}{$\hat{x}_i = c_0 + c_t * \text{week} + \sum_{j=1, j\neq i}^{10} c_j * x_j$}									
	区域 1	区域 2	区域 3	区域 4	区域 5	区域 6	区域 7	区域 8	区域 9	区域 10
c_0	−0.35	0.07	0.40	0.15	0.02	−0.23	−0.51	−0.03	1.41	−0.46
c_t	8e−4	2e−3	−7e−4	−8e−4	6e−4	2e−3	−8e−4	−2e−4	−2e−3	3e−4
c_1		0.89	0.36	−0.18	−0.01	0.09	0.18	0.02	0.25	−0.12
c_2	0.26		0.06	0.14	−0.03	−0.08	0.09	−0.04	−4.e−3	0.10
c_3	0.26	0.16		0.36	0.19	−0.20	−0.09	0.27	−0.13	−0.11
c_4	−0.10	0.28	0.28		0.22	0.66	0.16	−0.26	−0.03	0.07
c_5	−0.02	−0.16	0.39	0.58		0.41	0.45	0.27	−0.04	0.01
c_6	0.02	−0.06	−0.05	0.23	0.05		0.14	0.06	0.08	−0.03
c_7	0.10	0.17	−0.06	0.16	0.16	0.39		0.09	−4.e−3	0.15
c_8	0.03	−0.20	0.55	−0.68	0.26	0.45	0.26		0.36	0.30
c_9	0.14	−0.01	−0.10	−0.03	−0.02	0.24	−5.e−3	0.14		0.42
c_{10}	−0.11	0.31	−0.12	0.11	0.01	−0.12	0.24	0.17	0.65	
Cor	0.933	0.928	0.955	0.959	0.972	0.952	0.965	0.949	0.921	0.932

正的回归系数值表示相应的区域与目标区域之间是正相关的, 负的回归系数值则表示对应区域与目标区域之间有负相关性. 回归系数绝对值的大小反映了这种相关性的强度. 以区域 6 的回归情况为例, 皮尔逊相关系数的值为 0.952, 说明区域 6 中的加权 ILI 数值可以被回归方程很好地近似, 如图 5.23 (a). 然而, 回归方程的一些系数比如 c_t, c_1 和 c_2 的数值并不显著, 说明时间变量、区域 1 和区域 2 对区域 6 有相对较小的影响.

另外, 参数的敏感性分析被用来研究模型参数对模型输出的影响. 从数学角度来讲, 敏感系数可定义为模型输出对模型参数的一阶导数:

$$S_i = \frac{\partial y_i}{\partial p} = \lim_{\Delta p \to 0} \frac{y_i(p + \Delta p) - y_i(p)}{\Delta p}, \tag{5.15}$$

这里, y_i 是第 i 个模型输出, p 是模型的输入参数. 定义敏感性指数 (SI) 为有限差分近似的偏导数的平均值:

$$\text{SI} = \frac{1}{N} \sum_{i=1}^{N} \frac{y_i(p + \Delta p) - y_i(p)}{\Delta p}. \tag{5.16}$$

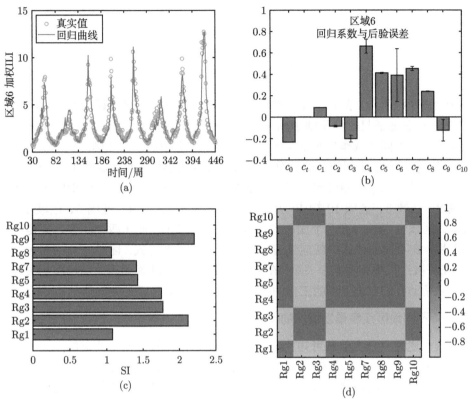

图 5.23 (a) 区域 6 中加权 ILI 数据的回归曲线; (b) 回归系数与后验误差; (c) 敏感性指标 (SI), Rg1—Rg9 表示区域 1 到区域 9; (d) 关联性矩阵

回顾我们的回归方程模型为 $y_i = c_0 + c_t * \text{week} + \sum_j c_j * x_j^i$. 如果我们扰动变量 x_k, 即区域 k 的加权 ILI 值, 则

$$
\begin{aligned}
\text{SI}^k(c) &= \frac{1}{N} \sum_{i=1}^{N} \frac{y_i(x + \Delta x_k^i) - y_i(x)}{\Delta x_k^i} \\
&= \frac{1}{N} \sum_{i=1}^{N} \frac{\sum_j c_j * (x_j^i + \Delta x_k^i) - \sum_j c_j * x_j^i}{\Delta x_k^i} \\
&= \frac{1}{N} \sum_{i=1}^{N} c_k = \bar{c}_k.
\end{aligned}
$$

敏感性指标 $\text{SI}^k(c)$ 是回归系数 c_k 的后验估计, 后验误差定义为 $c_k - \text{SI}^k(c)$. 图 5.23 (b) 展示了区域 6 对应回归模型的回归系数以及后验误差.

如果我们对回归系数 c_k 做扰动, 那么

$$
\text{SI}^k(x) = \frac{1}{N} \sum_{i=1}^{N} \frac{y_i(c + \Delta c_k^i) - y_i(c)}{\Delta c_k^i}
$$

$$=\frac{1}{N}\sum_{i=1}^{N}\frac{\sum_{j}(c_{j}^{i}+\Delta c_{k}^{i})*x_{j}-\sum_{j}c_{j}*x_{j}^{i}}{\Delta c_{k}^{i}}$$

$$=\frac{1}{N}\sum_{i=1}^{N}x_{k}=\bar{x}_{k}.$$

敏感性指标 $\mathrm{SI}^{k}(x)$ 表示区域 k 的加权 ILI 的平均值. 也就是说, 模型输出 y_{i} 对于参数 c_{k} 的敏感性指标反映了输入 x_{k} 在回归中所占的比例. 图 5.23 (c) 的敏感性指标展示了不同区域作为变量在区域 6 的回归模型中所占的比例.

进一步, 变量之间的相关性分析通过计算动力学敏感性指标之间的相关系数来刻画. 图 5.23 (d) 中区域 6 回归模型对应的相关矩阵展现出两个团簇: 一个由区域 2、区域 3、区域 10 构成; 另一个则由区域 1、区域 4、区域 5、区域 7、区域 8、区域 9 构成. 在两个团簇内部存在强正相关性, 而在两个团簇之间是强负相关性. 在不同的团簇中就应该有不同的传播与扩散方式. 团簇间负的相关性表明, 在扩散过程中存在竞争关系. 在某种程度上, 我们认为团簇的结构和相关性关系可以帮助我们在进一步的工作中探索不同区域之间传播的空间信息.

5.4.5　不同地区疾病暴发情况的同步预测

从上述时空分布信息可知, 系统的时空复杂性分析是相当关键的. 接下来我们利用最大 Lyapunov 指数 (λ) 和近似熵 (ApEn) 详细分析系统的动力学复杂性. 进一步用动态径向基神经网络构建观测变量相空间与动态演化相空间之间的关联函数 Φ, 建立的 Φ 函数将被用来预测类流感疾病的未来发展趋势.

1. ILI 信号的动力学复杂性

根据 Takens 嵌入定理[14], 时间序列 $\{x_{i}\}$ 的动力学行为可以用重构相空间的轨道演化性质刻画. 重构相空间的轨道演化与观测变量所在的原始系统的轨道演化微分同胚. 通过延迟坐标技术, 变量 x_{i} 的重构相空间定义为

$$Y_{i}=\begin{pmatrix} x_{i}(1) & x_{i}(2) & \cdots & x_{i}(N-(m-1)\tau) \\ x_{i}(1+\tau) & x_{i}(2+\tau) & \cdots & x_{i}(N-(m-2)\tau) \\ \vdots & \vdots & & \vdots \\ x_{i}(1+(m-1)\tau) & x_{i}(2+(m-1)\tau) & \cdots & x_{i}(N) \end{pmatrix}, \quad (5.17)$$

这里, N 是时间序列 x_{i} 的长度, m 是嵌入维数, τ 是用互信息法[6] 求得的时间延迟. 在这里的动力学复杂性分析中, 嵌入维数等于观测变量的个数, 即 $m=10$. 相空间重构后, 刻画相空间轨道动力学演化分离程度的最大 Lyapunov 指数利用 Wolf 方法[21] 求得. 最大 Lyapunov 指数的计算见公式 (2.15). 另一方面, 利用公式 (2.8) 计算了不同区域内加权 ILI 信号对应的近似熵.

最大 Lyapunov 指数刻画了重构相空间中轨道演化的分离速率, 若 λ 的数值为正, 则表明系统的动力学演化是混沌的、不稳定的. ApEn 数值表示时间序列随空间维数改变而产生新模式的概率, 越大的概率值表明越小的规则性和较大的系统复杂性. 简而言之, λ 和 ApEn 数值越大, 时间序列对应的系统复杂性越强, 使得时间序列越难预测. 图 5.24 展示了不同区域的加权 ILI 对应的最大 Lyapunov 指数演化. 表 5.13 列出了不同区域的加权 ILI 对应的最佳时间延迟 τ、最大 Lyapunov 指数 λ 和近似熵 ApEn. 表中各个地区对应的 λ 值是图 5.24 中 $\lambda(t)$ 的平均值. 计算结果表明各个地区的 λ 值均为正, 且区域 1, 3, 7, 10 的近似熵值比其他区域值都高, 反映了相应区域的时间序列有更复杂的动力学行为, 使得时间序列更难被预测.

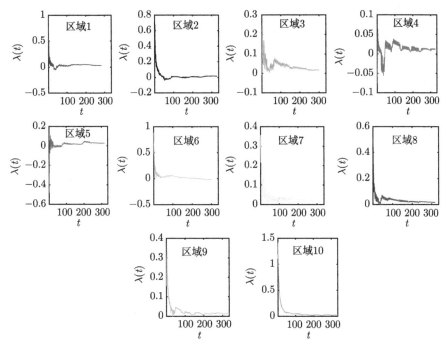

图 5.24　不同区域的加权 ILI 对应的最大 Lyapunov 指数演化

2. 动态径向基神经网络预测方法

由广义嵌入定理[16] 可知, 重构相空间与观测变量组成的子空间之间存在关联函数. 这里我们使用径向基神经网络算法来逼近这个关联函数, 进一步来预测各个观测变量的未知数据. 径向基神经网络是一种利用径向基函数作为激活函数的人工神经网络[122]. 径向基神经网络在连续函数逼近方面有优势[150], 并且径向基神经网络算法在训练过程中可以避免陷入局部最小值[151].

表 5.13　不同区域的加权 ILI 对应的最佳时间延迟 τ, 最大 Lyapunov 指数 λ, 近似熵 ApEn

	τ	λ	ApEn
区域 1	9	0.0409	1.4729
区域 2	4	0.0219	1.2468
区域 3	7	0.0375	1.4589
区域 4	4	0.0125	1.0849
区域 5	5	0.0174	1.2128
区域 6	7	0.0298	1.3824
区域 7	9	0.0363	1.4503
区域 8	5	0.0345	1.2327
区域 9	3	0.0246	1.2120
区域 10	3	0.0694	1.5212

在径向基神经网络算法中, 时间序列 x_i 的动态演化空间, 即重构相空间 Y_i, 被设为径向基神经网络的输出. 另一方面, 变量 x_i 的动力学演化与其他变量的状态相关, 所以径向基神经网络的输入定义为

$$X_k = W_k * \begin{pmatrix} x_1(1) & x_1(2) & \cdots & x_1(N) \\ x_2(1) & x_2(2) & \cdots & x_2(N) \\ \vdots & \vdots & & \vdots \\ x_n(1) & x_n(2) & \cdots & x_n(N) \end{pmatrix}, \tag{5.18}$$

这里, W_k 是 k 乘 n 矩阵, n 是观测变量个数, $m \leqslant k \leqslant n$. W_k 的元素只有 0 和 1, 且 W_k 的每一行元素的和为 1. W_k 的作用是从 n 个观测变量中选出 k 个变量组成 X_k. 例如, 取 $k = 4$, $n = 10$, 且

$$W_4 = \begin{pmatrix} 1 & 0 & 0 & 0 & 0 & 0 & 0 & 0 & 0 & 0 \\ 0 & 0 & 1 & 0 & 0 & 0 & 0 & 0 & 0 & 0 \\ 0 & 0 & 0 & 1 & 0 & 0 & 0 & 0 & 0 & 0 \\ 0 & 0 & 0 & 0 & 0 & 1 & 0 & 0 & 0 & 0 \end{pmatrix},$$

那么,

$$X_4 = \begin{pmatrix} x_1(1) & x_1(2) & \cdots & x_1(N) \\ x_3(1) & x_3(2) & \cdots & x_3(N) \\ x_4(1) & x_4(2) & \cdots & x_4(N) \\ x_6(1) & x_6(2) & \cdots & x_6(N) \end{pmatrix}.$$

即网络输入 X_4 由变量 $\{x_1, x_3, x_4, x_6\}$ 组成.

回顾输出矩阵 Y_i 的定义, Y_i 含有 M 个 m 维的向量点. 所以我们需要从 X_k 中选取 M 个点来训练网络, 即建立关联函数 Φ:

$$
\begin{aligned}
Y_i &= \begin{pmatrix}
x_i(1) & x_i(2) & \cdots & x_i(M) \\
x_i(1+\tau) & x_i(2+\tau) & \cdots & x_i(M+\tau) \\
\vdots & \vdots & & \vdots \\
x_i(1+(m-1)\tau) & x_i(2+(m-1)\tau) & \cdots & x_i(M+(m-1)\tau)
\end{pmatrix} \\
&= \Phi\left(W_k * \begin{pmatrix}
x_1(1) & x_1(2) & \cdots & x_1(M) \\
x_2(1) & x_2(2) & \cdots & x_2(M) \\
\vdots & \vdots & & \vdots \\
x_{10}(1) & x_{10}(2) & \cdots & x_{10}(M)
\end{pmatrix} \right),
\end{aligned} \tag{5.19}
$$

然后, X_k 的第 $M+1$ 列到第 N 列作为新的输入矩阵, 利用获得的关联函数 Φ 可以实现预测:

$$
\begin{aligned}
&\begin{pmatrix}
x_i(M+1) & x_i(M+2) & \cdots & x_i(N) \\
x_i(M+1+\tau) & x_i(M+2+\tau) & \cdots & x_i(N+\tau) \\
\vdots & \vdots & & \vdots \\
x_i(N+1) & x_i(N+2) & \cdots & x_i(N+(m-1)\tau)
\end{pmatrix} \\
&= \Phi\left(W_k * \begin{pmatrix}
x_1(M+1) & x_1(M+2) & \cdots & x_1(N) \\
x_2(M+1) & x_2(M+2) & \cdots & x_2(N) \\
\vdots & \vdots & & \vdots \\
x_{10}(M+1) & x_{10}(M+2) & \cdots & x_{10}(N)
\end{pmatrix} \right),
\end{aligned} \tag{5.20}
$$

这里, W_k 是参数矩阵, 目的是从 n 个变量中选取 k 个变量, 共 C_n^k 种选择. 我们用遍历法求解最优矩阵 W_k, 即尝试利用所有的组合来选取最优 W_k 使得预测误差最小. 相对平方误差 (RSE)、均方误差 (MSE)、相对均方误差 (RMSE) 被用来刻画预测误差:

$$
\text{RSE}(j) = \left(\frac{x_i'(j) - x_i(j)}{x_i(j)} \right)^2, \tag{5.21}
$$

$$
\text{MSE} = \frac{1}{n} \sum_{j=1}^{n} (x_i'(j) - x_i(j))^2, \tag{5.22}
$$

$$
\text{RMSE} = \frac{1}{n} \sum_{j=1}^{n} \left(\frac{x_i'(j) - x_i(j)}{x_i(j)} \right)^2, \tag{5.23}
$$

这里, $x_i'(j)$ 是预测值, $x_i(j)$ 是真实值, n 是预测值的个数. 动态径向基神经网络 (DRBFNN) 预测机制的示意图如图 5.25 所示, 该程序的伪代码见算法 3.

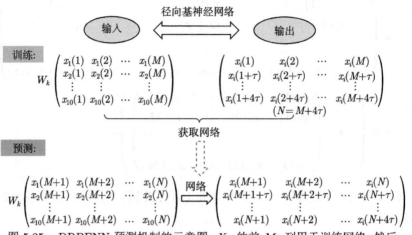

图 5.25   DRBFNN 预测机制的示意图. X_k 的前 M 列用于训练网络; 然后, 将 X_k 的 $M+1$ 列到 N 列用于网络预测. Y_k 的嵌入维数固定为 5

算法 3   动态径向基神经网络预测算法

输入: 参数: 矩阵 W_k, 嵌入维数 m, 时间延迟 τ;
  变量: $X = (x_1, x_2, \cdots, x_{10})^{\mathrm{T}}$, $Y_i = (x_i(j), x_i(j+\tau), \cdots, x_i(j+(m-1)\tau))^{\mathrm{T}}$;
输出: 预测值: $\{x_i(N+1), x_i(N+2), \cdots, x_i(N+(m-1)\tau)\}$;
 1: 重构动态相空间 Y_k, 定义参数矩阵 W_k, 利用 MATLAB 指令 "newrb" 训练径向基神经
  网络;
 2: **for** 每一个 W_k, m 和 τ **do**
 3: 训练 $X_k = W_k X$ 与 Y_i 之间的网络;
 4: 如果 $\mathrm{Error}(n) < \mathrm{Error}(n-1)$;
 5: 记录相应的参数值;
 6: 否则,
 7: 进入下一个循环;
 8: **end for**
 9: 利用获得的网络预测 x_i 对应的未知数;
10: 返回最小预测误差对应的预测值.

  在算法中将重构相空间需要的嵌入维数 m 和时间延迟 τ 固定为 $(m, \tau) = (5, 13)$ 或者 $(m, \tau) = (3, 26)$. 这样我们可以预测 $(m-1)\tau = 52$ 个周的数据, 也就是未来一年的数据. 值得注意的是, 为了更好地预测, 嵌入维数和时间延迟的最优选择是一个很好的课题 (类似于第 3 章中介绍的预测机制). 动态径向基神经

网络算法在一定程度上可以捕捉到加权 ILI 峰值的变化, 算法可以很好地预测未来 52 周的加权 ILI 数据, 而且和高斯函数方法相比极大改善了对峰值的估计.

对 2010 年第 30 周到 2017 年第 29 周的训练结果见图 5.26 (a), 均方误差刻画了训练集的训练误差, 如图 5.26 (b). 均方误差随时间变化的波动反映了我们算法的收敛性与稳定性, 区域 6 中相对平方误差刻画的预测误差如图 5.26 (d) 所示. 算法的可重复性可以通过不同区域的预测 (图 5.27) 得以验证.

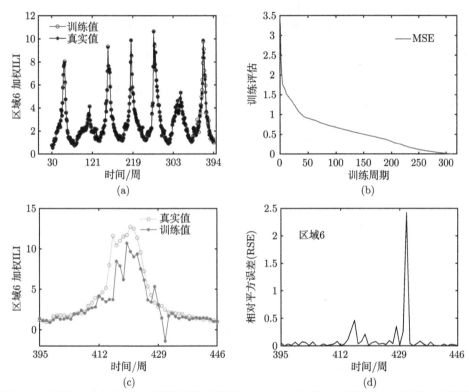

图 5.26 区域 6 中加权 ILI 数据的训练与预测. (a) 2010 年 第 30 周到 2017 年第 29 周的训练结果; (b) 均方误差 (MSE) 刻画训练误差; (c) 2017 年 第 30 周到 2018 年第 29 周的预测结果; (d) 相对平方误差 (RSE) 刻画预测效果

此外, 将 DRBFNN 方法的预测性能与后向传播神经网络 (BPNN) 方法进行比较, 计算了均方误差和相对均方误差 (参见表 5.14). DRBFNN 方法可以预测接下来 52 周的数据, 而文献[137] 中应用的 BPNN 方法仅能预测未来 5 周的数据. 在 BPNN 方法预测未来 5 周数据的误差范围内, DRBFNN 方法又可以预测未来 20 周的数据. 从表 5.14 中结果可知, DRBFNN 方法预测区域 5, 9, 10 的误差比 BPNN 方法的预测误差更小. 而区域 1, 3, 7, 8 的相对均方误差比其

他区域的误差较大, 其原因是这些区域的动力学复杂性更强 (具有相对较大的最
大 Lyapunov 指数, 见表 5.13).

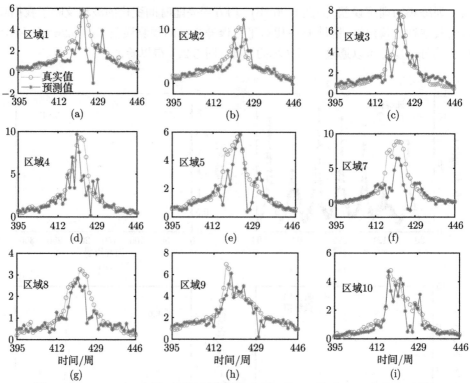

图 5.27   DRBFNN 方法对不同区域内 2017 年 第 30 周到 2018 年第 29 周的
加权 ILI 预测效果

表 5.14   动态径向基神经网络与后向传播神经网络算法[137] 的均方误差 (MSE)、相对均
方误差 (RMSE) 对比

MSE & RMSE	DRBFNN		BPNN 文献 [15] 中 BPNN	
	预测 20 个点	预测 52 个点	预测 5 个点	预测 20 个点
区域 1	0.0518 &0.1735	1.1669 &0.2131	0.0241 &0.0475	—
区域 2	0.2628 & 0.0995	2.5080 &0.1369	0.0100 & 0.0041	—
区域 3	0.0918 & 0.1582	0.4975 &0.1984	0.0919 &0.1075	—
区域 4	0.1286 & 0.0897	2.0598 &0.1406	0.0466 & 0.0165	—
区域 5	0.0464 & 0.0373	0.7519 &0.0977	0.0673 & 0.0509	—
区域 6	0.3290 & 0.0360	3.5881 &0.1073	0.0445 & 0.0103	—
区域 7	0.1145 & 0.2773	4.4230 &0.3346	0.1007 & 0.1155	—
区域 8	0.0493 & 0.2415	0.2450 &0.1955	0.0549 & 0.1043	—
区域 9	0.1473 &0.0610	0.5379 &0.0625	0.2831 & 0.1016	—
区域 10	0.0561 &0.2854	0.3951 &0.1817	0.8188 & 0.8519	—

注意, 该方法利用径向基神经网络以及时间序列的动态信息来训练模型. 重构相空间刻画的动态信息被设置为网络结构的输出信号. 由于动态径向基神经网络预测算法是基于启发式场景, 因此包括后向传播神经网络[152]、卷积神经网络[153,154] 等在内的启发式算法也可以用于组合动态特征, 建立模型.

5.4.6 小结

从加权 ILI 数据的等高线图 (图 5.20) 发现类流感疾病的高患病率和发病率发生在每年冬季. 由美国卫生和公众服务部划分的第 6 区域比其他地区更为严重. 可能的影响因素如下: 在冬季, 由于寒冷的天气, 室内的空气流通减少, 加上人们进行的户外活动较少, 人们更容易被感染; 此外, 诸如达拉斯 (区域 6)、旧金山 (区域 9)、华盛顿特区 (区域 3) 等大城市中, 大量的客流增加了与患者接触的可能性.

在 5.4.2 小节, 基于加权 ILI 的历史数据, 利用高斯型函数预测了类流感疾病的未来变化趋势. 分段的开始和结束阶段可以被很好地预测, 如图 5.22. 并且, 疾病暴发的峰值对应的时间也可以得到有效近似. 进一步利用多元多项式回归提取了空间分布信息, 回归方程可以利用其他区域的数据对目标区域的缺失数据进行填充. 另外, 回归方程的相关性分析表明, 某些沿海地区具有高度相关性, 例如区域 4 和区域 9. 这可能是由于相似的气候环境, 有利于病原体的生长. 根据相关分析, 类流感疾病的高暴发区域可能是不相邻的, 这可能与病毒的传播方法以及当地的气候 (比如沿海气候) 有关. 因此, 研究包括 COVID-19 在内的大流行病的传播方法和生存环境具有重要意义. 此外, 通过相关矩阵提取的团簇, 例如区域 6 的 加权 ILI 数据回归中提取的团簇 1-4-5-7-8-9 和团簇 2-3-10, 有助于我们建立基于扩散特征的推荐机制.

在 5.4.5 小节, 动态径向基神经网络算法采用了各地区的加权 ILI 信号的动力学演化信息. 利用径向基神经网络建立了观测变量与重构相空间之间的关联函数. 通过获得的神经网络结构, 即关联函数, 实现了加权 ILI 未来 52 周数据的预测, 并且对疾病高暴发阶段的数值有了相对较好的预测.

受工业自动化系统扰动响应方法的启发[155,156], 本节设计的机制可用于气象、工业、医学、经济等科学领域的控制系统的早期预测和反馈响应. 图 5.28 显示了预测机制的工作原理: 多元回归可以用来分析输出信号对输入变量的依赖性, 回归方程对调整变量以控制输出具有指导意义. 我们提出的机制可以用来: ① 补充一些气象观测站的缺失数据; ② 根据历史数据有效地预测多维观测结果. 机制中的动态径向基神经网络预测方法可以提早发现异常输出信号, 以便及时进行调整. 而且我们机制中的多元回归可以为输出信号和输入信号之间的调整建立一个明确的方程式.

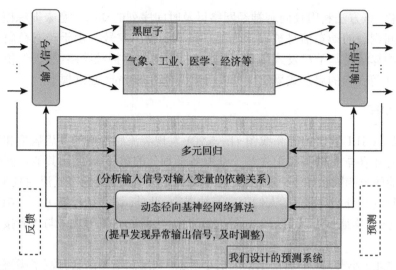

图 5.28　我们提出的机制的工作原理: 多变量回归可以用来分析输出信号对输入变量的依赖性. DRBFNN 方法可以用来预测输出信号, 使得异常输出信号得到早期检测, 能够及时做出调整方案

5.5　材料纳米划痕机制下的数学模型提取

非晶合金薄膜的纳米划痕实验常被用来测试合金的耐磨性能[178,179]. 由于材料的塑性变形机制, 实验观测的应力变量经常出现锯齿状的间歇流变. 观测变量的复杂动力学性质使得系统潜在的确定性变形机制研究十分困难. 本节我们基于 $Ni_{62}Nb_{38}$ 非晶合金薄膜的纳米划痕实验, 利用稀疏识别方法从实验观测数据中提取代表材料变形机制的数学模型 [185].

5.5.1　多变量演化模型的提取

$Ni_{62}Nb_{38}$ 非晶合金薄膜的纳米划痕实验的观测变量有横向加载力 (μN)、横向位移 (μm)、法向加载力 (μN)、法向位移 (nm). 如图 5.29 所示, 横向加载力和法向加载力有明显的锯齿流变现象, 隐含着复杂的动力学行为.

为了提取变形机制下的数学模型

$$\dot{X}(t) = f(X(t)), \tag{5.24}$$

我们首先要考虑方程 (5.24) 的左端导数项如何用数据表达. 由相空间重构定理可知, 变量 x 的重构相空间 $\Re$ 中的轨道演化与原始系统的动力学演化拓扑等价. 我们记实验观测的横向加载力信号为变量 x, 则其对应的重构相空间为

$$\mathfrak{R} = \begin{pmatrix} \boldsymbol{x}(t) \\ \boldsymbol{x}(t+\tau) \\ \vdots \\ \boldsymbol{x}(t+(m-1)\tau) \end{pmatrix} = \begin{pmatrix} x(t_1) & x(t_2) & \cdots & x(t_n) \\ x(t_{1+\tau}) & x(t_{2+\tau}) & \cdots & x(t_{n+\tau}) \\ \vdots & \vdots & & \vdots \\ x(t_{1+(m-1)\tau}) & x(t_{2+(m-1)\tau}) & \cdots & x(t_{n+(m-1)\tau}) \end{pmatrix},$$

$$(5.25)$$

这里, τ 是时间延迟, m 是嵌入维数, $N = n+(m-1)\tau$ 为时间序列长度. 注意, 矩阵 $\mathfrak{R}$ 的列向量是延迟坐标向量, 并且延迟坐标在差分意义下是导函数, 所以重构相空间 $\mathfrak{R}$ 可以看作是系统动力学模型的导函数项. 也就是说, 我们要求解如下方程 (5.26) 的数学模型:

$$\mathfrak{R}(x) = f(X). \tag{5.26}$$

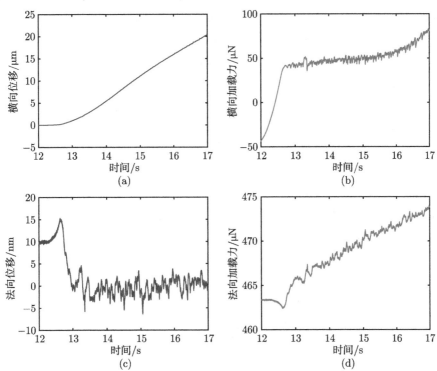

图 5.29　纳米划痕实验中的观测变量. (a) 横向位移—时间; (b) 横向加载力—时间; (c) 法向位移—时间; (d) 法向加载力—时间

下一步我们关注模型的右端项. 变量 x 的动力学演化与其自身特征、横向位移变量以及法向加载力变量密切相关, 故系统的状态变量 X 可由横向加载力、横向位移、法向加载力组成. 记横向位移变量为 y, 法向加载力变量为 z, 则状态空间 $X = (x, y, z)$. 模型 (5.26) 的求解就转化为如下方程 (5.27) 中函数 f 的逼近:

$$
\begin{pmatrix}
x(t_1) & x(t_2) & \cdots & x(t_n) \\
x(t_{1+\tau}) & x(t_{2+\tau}) & \cdots & x(t_{n+\tau}) \\
\vdots & \vdots & & \vdots \\
x(t_{1+(m-1)\tau}) & x(t_{2+(m-1)\tau}) & \cdots & x(t_{n+(m-1)\tau})
\end{pmatrix}
$$
$$
= f \begin{pmatrix}
x(t_1) & x(t_2) & \cdots & x(t_n) \\
y(t_1) & y(t_2) & \cdots & y(t_n) \\
z(t_1) & z(t_2) & \cdots & z(t_n)
\end{pmatrix}. \tag{5.27}
$$

对于函数 f 的近似求解, 我们不妨先使用后向传播神经网络 (BPNN) 进行求解. 对于相空间 $\Re$ 重构过程中两个重要参数的选取: 设嵌入维数等于状态变量的个数, 即这里 $m = 3$; 而时间延迟 τ 的选取基于最小化训练误差. 在神经网络算法求解过程中设输入变量、输出变量分别为

$$
\text{In} = \begin{pmatrix}
x(t_1) & x(t_2) & \cdots & x(t_n) \\
y(t_1) & y(t_2) & \cdots & y(t_n) \\
z(t_1) & z(t_2) & \cdots & z(t_n)
\end{pmatrix},
$$

$$
\text{Out} = \begin{pmatrix}
x(t_1) & x(t_2) & \cdots & x(t_n) \\
x(t_{1+\tau}) & x(t_{2+\tau}) & \cdots & x(t_{n+\tau}) \\
\vdots & \vdots & & \vdots \\
x(t_{1+(m-1)\tau}) & x(t_{2+(m-1)\tau}) & \cdots & x(t_{n+(m-1)\tau})
\end{pmatrix}.
$$

样本集的 70% 用来训练, 15% 用来验证训练的网络, 剩余 15% 用来测试训练的网络. 网络结构设置的隐藏神经元个数固定为 10. 假定模型的训练输出值为 $\hat{x}$, 则模型训练的均方误差定义为

$$
\text{MSE} = \frac{1}{N} \sum_{j=1}^{N} \left(x(t_j) - \hat{x}(t_j) \right)^2. \tag{5.28}
$$

对于不同的时间延迟 τ 就有不同类型的模型输出, 对应地, 就有不同的均方误差值. 重构相空间过程中的时间延迟的求解基于最小化均方误差值, 这里我们求解的时间延迟 $\tau = 1$.

利用神经网络算法求解模型 (5.27) 输出的横向加载力信号与真实加载力信号的对比如图 5.30 (a), 神经网络算法求解模型 (5.27) 对应的训练、验证以及测试

误差见图 5.30 (b). 结果显示神经网络算法可以很好地近似求解函数 f, 而训练的网络结构就是函数 f 的替代.

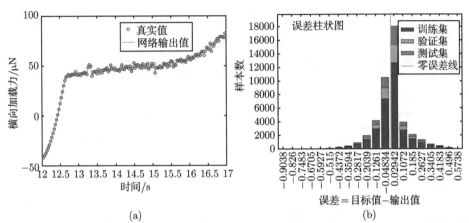

(a)   (b)

图 5.30   后向传播神经网络近似求解函数 f. (a) 真实的横向加载力信号 (x) 与神经网络模型求解的横向加载力信号比较; (b) 神经网络算法求解模型的训练、验证以及测试误差

由于神经网络算法中黑匣子问题, 函数 f 的具体形式并没有给出. 接下来我们用稀疏识别方法求解函数 f 的具体形式, 这不仅能求解模型 (5.26), 还可以揭示神经网络算法中黑匣子模型的具体表达形式. 模型 (5.26) 左端的重构相空间对应的嵌入维数设为 3, 时间延迟等于 1. 利用观测变量空间 $X = (x, y, z)$ 的二阶多项式函数构造基函数库 $\Theta(X)$,

$$\Theta(X) =$$

$$\begin{pmatrix} 1 & x(t_1) & y(t_1) & z(t_1) & xx(t_1) & xy(t_1) & xz(t_1) & yy(t_1) & yz(t_1) & zz(t_1) \\ 1 & x(t_2) & y(t_2) & z(t_2) & xx(t_2) & xy(t_2) & xz(t_2) & yy(t_2) & yz(t_2) & zz(t_2) \\ \vdots & \vdots & \vdots & \vdots & \vdots & \vdots & \vdots & \vdots & \vdots & \vdots \\ 1 & x(t_N) & y(t_N) & z(t_N) & xx(t_N) & xy(t_N) & xz(t_N) & yy(t_N) & yz(t_N) & zz(t_N) \end{pmatrix}.$$

$$(5.29)$$

稀疏性阈值条件 λ 取值为 0.02. 利用算法 2 求解的稀疏矩阵 Ξ 为

$$\Xi^{\mathrm{T}} = \begin{pmatrix} 0 & 0 & 1 & 0 & 0 & 0 & 0 & 0 & 0 & 0 \\ 0.0243 & 0 & 0.9996 & 0 & 0 & 0 & 0 & 0 & 0 & 0 \\ 27.5338 & 0.0258 & 1.0005 & -0.0592 & 0 & 0 & 0 & 0 & 0 & 0 \end{pmatrix}, \quad (5.30)$$

即, $\Re(x) = \Theta(X)\Xi$. 稀疏识别模型输出的横向加载力信号与真实的横向加载力信号 (x) 比较如图 5.31 (a), 模型识别的误差见图 5.31 (b). 表 5.15 给出了稀疏系数与多项式函数项的对应. 结果显示简单线性项的耦合模型便可以对横向加载力信号的动力学演化进行很好的刻画, 并且稀疏识别算法求解的模型右端函数项是神经网络模型 "黑匣子" 的一个很好的解释.

表 5.15　稀疏识别方法求解模型 (5.26) 的稀疏系数与函数项的对应

	1	x	y	z	xx	xy	xz	yy	yz	zz
$\Re_1$	0	0	1	0	0	0	0	0	0	0
$\Re_2$	0.0243	0	0.9996	0	0	0	0	0	0	0
$\Re_3$	27.5338	0.0258	1.0005	-0.0592	0	0	0	0	0	0

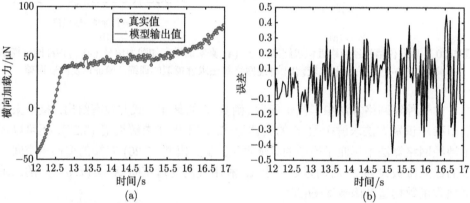

(a)　　　　　　　　　　　　　　　　　　　(b)

图 5.31　稀疏识别算法求解模型 (5.26). (a) 真实的横向加载力信号 (x) 与稀疏识别模型输出的横向加载力信号比较; (b) 真实的横向加载力信号与模型输出的横向加载力信号的误差 Error $= x - \hat{x}$

5.5.2　单变量演化模型的提取

如果系统的观测变量仅仅是一维时间序列信号, 比如实验仅观测有横向加载力信号 x, 而没有横向位移信号、法向加载力信号, 以及法向位移信号. 稀疏识别方法结合相空间重构依然能够提取出系统的动力学演化模型. 利用延迟坐标技术将时间序列 x 进行相空间重构, 记重构相空间为 $\Re$,

$$\Re = \begin{pmatrix} x(t_1) & x(t_2) & \cdots & x(t_n) \\ x(t_{1+\tau}) & x(t_{2+\tau}) & \cdots & x(t_{n+\tau}) \\ \vdots & \vdots & & \vdots \\ x(t_{1+(m-1)\tau}) & x(t_{2+(m-1)\tau}) & \cdots & x(t_{n+(m-1)\tau}) \end{pmatrix}, \quad (5.31)$$

根据多维观测变量的求解经验, 相空间重构的过程中取时间延迟 $\tau = 1$, 嵌入维数 $m \geqslant 3$. 对矩阵 $\mathfrak{R}$ 进行奇异值分解得

$$\mathfrak{R} = \Psi \Sigma V^*, \tag{5.32}$$

这里矩阵 V 的列是特征值对应的特征向量, 也就是说矩阵 V 可以看作是具有分层结构特征的时间序列. 我们取前三个主导占优的特征时间序列 (即 V 的前三列) 作为新的状态变量, 为了表述方便, 记这三个新的状态变量为 u, v, w.

利用四阶中心差分方法求解三个状态变量的导函数 $\dot{u}, \dot{v}, \dot{w}$. 进一步建立微分方程模型为

$$\begin{pmatrix} \dot{u} \\ \dot{v} \\ \dot{w} \end{pmatrix} = F(u^{\mathrm{T}}, v^{\mathrm{T}}, w^{\mathrm{T}}, t). \tag{5.33}$$

构造二阶多项式函数类型的基函数库为

$$\Theta_1 = (1, u^{\mathrm{T}}, v^{\mathrm{T}}, w^{\mathrm{T}}, (uu)^{\mathrm{T}}, (uv)^{\mathrm{T}}, (uw)^{\mathrm{T}}, (vv)^{\mathrm{T}}, (vw)^{\mathrm{T}}, (ww)^{\mathrm{T}}). \tag{5.34}$$

为了减小系数求解过程中不同量级差别的影响, 对基函数库 Θ_1 的每一列进行标准化处理.

$$\Theta_2 = \left(1, \frac{u^{\mathrm{T}}}{|u^{\mathrm{T}}|}, \frac{v^{\mathrm{T}}}{|v^{\mathrm{T}}|}, \frac{w^{\mathrm{T}}}{|w^{\mathrm{T}}|}, \frac{(uu)^{\mathrm{T}}}{|(uu)^{\mathrm{T}}|}, \frac{(uv)^{\mathrm{T}}}{|(uv)^{\mathrm{T}}|}, \frac{(uw)^{\mathrm{T}}}{|(uw)^{\mathrm{T}}|}, \frac{(vv)^{\mathrm{T}}}{|(vv)^{\mathrm{T}}|}, \frac{(vw)^{\mathrm{T}}}{|(vw)^{\mathrm{T}}|}, \frac{(ww)^{\mathrm{T}}}{|(ww)^{\mathrm{T}}|}\right).$$

然后利用序列最小二乘法计算稀疏回归 (算法 2). 在求解稀疏矩阵 Ξ 时, 针对不同的列, 我们采用不同的稀疏性阈值条件 $\lambda_i, i = 1, 2, 3$. 记求解的稀疏矩阵为

$$\Xi_2 = (\xi_1, \xi_2, \xi_3, \xi_4, \xi_5, \xi_6, \xi_7, \xi_8, \xi_9, \xi_{10})^{\mathrm{T}}. \tag{5.35}$$

标准化处理得

$$\Xi_1 = \left(\frac{\xi_1}{|1|}, \frac{\xi_2}{|u^{\mathrm{T}}|}, \frac{\xi_3}{|v^{\mathrm{T}}|}, \frac{\xi_4}{|w^{\mathrm{T}}|}, \frac{\xi_5}{|(uu)^{\mathrm{T}}|}, \frac{\xi_6}{|(uv)^{\mathrm{T}}|}, \right.$$
$$\left. \frac{\xi_7}{|(uw)^{\mathrm{T}}|}, \frac{\xi_8}{|(vv)^{\mathrm{T}}|}, \frac{\xi_9}{|(vw)^{\mathrm{T}}|}, \frac{\xi_{10}}{|(ww)^{\mathrm{T}}|}\right)^{\mathrm{T}}.$$

那么模型 (5.33) 的稀疏求解就是模型 (5.36),

$$\begin{pmatrix} \dot{u} \\ \dot{v} \\ \dot{w} \end{pmatrix} = \Theta_1 \Xi_1. \tag{5.36}$$

计算过程中稀疏性阈值条件设为 $\lambda_1 = 0.003, \lambda_2 = 0.02, \lambda_3 = 0.01$, 求解的稀疏矩阵 Ξ_1 结果为

$$\Xi_1^{\mathrm{T}} = $$
$$\begin{pmatrix} 0 & 0 & -0.0128 & 0 & 0 & -0.0268 & 0 & 0 & 0.0213 & -0.0077 \\ 0 & 0.0411 & 0 & -0.6945 & 0 & 1.0449 & 3.9462 & -1.0248 & -1.1688 & 0 \\ 0.0086 & -0.2823 & 0.9233 & 0.0970 & 1.6195 & -10.5751 & -3.0668 & 1.0444 & 8.2197 & -3.3580 \end{pmatrix}.$$

稀疏系数与多项式函数项的对应见表 5.16. 通过稀疏回归求解的导函数项与利用数据的四阶中心差分方法求解的导数项比较见图 5.32(a).

表 **5.16**   稀疏识别方法求解模型 (5.33) 的稀疏系数与函数项的对应

	1	u	v	w	uu	uv	uw	vv	vw	ww
$\dot{u}$	0	0	−0.0128	0	0	−0.0268	0	0	0.0213	−0.0077
$\dot{v}$	0	0.0411	0	−0.6945	0	1.0449	3.9462	−1.0248	−1.1688	0
$\dot{w}$	0.0086	−0.2823	0.9233	0.0970	1.6195	−10.5751	−3.0668	1.0444	8.2197	−3.3580

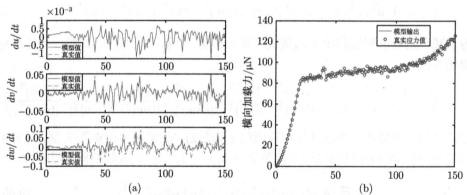

(a)   (b)

图 5.32   稀疏识别方法提取一维观测变量潜在的动力系统. (a) 稀疏识别的导函数项与四阶中心差分方法求解的导函数项比较; (b) 真实的横向加载力信号与模型输出的横向加载力信号的对比

定义系统 (5.36) 第一个方程对应变量 u 的数值积分为 g, 即

$$g(t_k, du/dt) = \int_{t_1}^{t_k} \dot{u}(t)dt \approx \sum_{i=1}^{k} du(t_i)/dt_i. \tag{5.37}$$

我们发现数值积分 g 的动力学演化与真实横向加载力的演化仅存在振幅尺度上的差异. 记

$$h = \frac{2\mathrm{mean}(x) * g}{\mathrm{mean}(g)}, \tag{5.38}$$

这里, mean 表示取时间序列的平均值; x 是对应的一维观测变量信号, 即横向加载力信号. 图 5.32(b) 比较了时间序列 h 与真实加载力信号的演化趋势. 模型的输出 h 能够很好地拟合加载力信号的变化趋势, 这在一定程度上说明我们成功提取了非晶合金纳米划痕塑性变形机制下的数学模型.

5.5.3　小结

本节利用稀疏识别结合相空间重构理论探索了非晶合金纳米划痕的变形机制这一实际应用问题. 研究表明稀疏动力学方法不仅能够提取数据中隐含的动力学模型, 还能够解释神经网络算法中的"黑匣子"模型的方程形式. 在大数据科学与机器学习方法的研究热潮中, 稀疏识别提供了一种适用于多学科领域内系统控制方程提取问题的先进方法. 这种方法不仅能够适用于数据的大尺度、多模态问题, 而且算法具有一定的抗噪能力.

参 考 文 献

[1] Roux J C, Simoyi R H, Swinney H L. Observation of a strange attractor. Physica D: Nonlinear Phenomena, 1983, 8: 257-266.

[2] Rosenstein M T, Collins J J, De L C. Reconstruction expansion as a geometry-based framework for choosing proper delay times. Physica D: Nonlinear Phenomena, 1994, 73(1-2): 82-98.

[3] Rosenstein M T, Collins J J, De L C. A practical method for calculating largest Lyapunov exponents from small data sets. Physica D: Nonlinear Phenomena, 1993, 65: 117-134.

[4] 林嘉宇, 王跃科, 黄芝平, 等. 语音信号相空间重构中时间延迟的选择——复自相关法. 信号处理, 1999, 30(15): 220-225.

[5] 马红光, 李夕海, 王国华, 等. 相空间重构中嵌入维和时间延迟的选择. 西安交通大学学报, 2004, 38(4): 335-338.

[6] Fraser A M, Swinney H L. Independent coordinates for strange attractors from mutual information. Physical Review A, 1986, 33: 1134-1140.

[7] 蒋爱华, 周璞, 章艺, 等. 相空间重构延迟时间互信息改进算法研究. 振动与冲击, 2015, 34(2): 79-84.

[8] 胡瑜, 陈涛. 基于 C-C 算法的混沌吸引子的相空间重构技术. 电子测量与仪器学报, 2012, 26(5): 425-430.

[9] Grassberger P, Procaccia I. Characterization of strange attractors. Physical Review Letters, 1983, 50(5): 346-349.

[10] Kennel M B, Brown R, Abarbanel H D. Determining embedding dimension for phase space reconstruetion using a geometrieal construction. Physical Review A, 1992, 45: 3403-4311.

[11] Cao L Y. Practical method for determining the minimum embedding dimension of a scalar time series. Physica D: Nonlinear Phenomena, 1997, 110: 43-50.

[12] 刘秉正, 彭建华. 非线性动力学. 北京: 高等教育出版社, 2004.

[13] 吕金虎, 陆君安, 陈士华. 混沌时间序列分析及其应用. 武汉: 武汉大学出版社, 2002.

[14] Takens F. Detecting strange attractors in turbulence // Rand D, Young L S. Dynamical Systems and Turbulence. Berlin, Heidelberg: Springer, 1981: 366-381.

[15] Ding M Z, Grebogi C, Ott E, et al. Estimating correlation dimension from a chaotic time series: When does plateau onset occur? Physica D: Nonlinear Phenomena, 1993, 69: 404-424.

[16] Deyle E R, Sugihara G. Generalized theorems for nonlinear state space reconstruction. PLoS One, 2011, 6: e18295.

[17] Packard N H, Crutchfield J P, Farmer J D, et al. Geometry from a time series. Physical Review Letters, 1980, 45: 712.

[18] Chen C, Ren J L, Wang G, et al. Scaling behavior and complexity of plastic deformation for a bulk metallic glass at cryogenic temperatures. Physical Review E, 2015, 92: 012113.

[19] Pincus S, Gladstone I, Ehrenkranz R. A regularity statistic for medical data analysis. Journal of Clinical Monitoring, 1991, 7: 335-345.

[20] Pincus S M. Approximate entropy as a measure of system complexity. Proceedings of the National Academy of Sciences, USA, 1991, 88: 2297-2301.

[21] Wolf A, Swift J B, Swmney H L, et al. Determining Lyapunov exponents from a time series. Physica D: Nonlinear Phenomena, 1985, 16: 285-317.

[22] Yeh J W, Chen S K, Lin S J, et al. Nanostructured high-entropy alloys with multiple principal elements: Novel alloy design concepts and outcomes. Advanced Engineering Materials, 2004, 6(5): 299-233.

[23] Youssef K M, Zaddach A J, Niu C N, et al. A novel Low-Density High-Hardness, High-Entropy alloy with close-packed single-phase nanocrystalline structure. Materials Research Letters, 2015, 3(2): 95-99.

[24] Zhang Y, Zuo T T , Tang Z, et al. Microstructures and propertied of high-entropy alloys. Progress in Materials Science, 2014, 61: 1-93.

[25] Zhang Y, Liu J P, Chen S Y, et al. Serration and noise behaviors in materials. Progress in Materials Science, 2017, 90: 358-460.

[26] Cantor B, Chang I T H, Knight P, et al. Microstructural development in equiatomic multicomponent alloys. Materials Science and Engineering: A, 2004, 375: 213-218.

[27] Chuang M H, Tsai M H, Wang W R, et al. Microstructure and wear behavior of $Al_x Co_{1.5} CrFeNi_{1.5}$ high-entropy alloys. Acta Materialia, 2011, 59: 6308-6317.

[28] Hemphill M A, Yuan T, Wang G Y, et al. Fatigue behavior of $Al_{0.5} CoCrCuFeNi$ high entropy alloys. Acta Materialia, 2012, 60: 5723-5734.

[29] Kao Y F, Chen T J, Chen S K, et al. Microstructure and mechanical properity of as-cast, -homogenized, and -deformed $Al_x CoCrFeNi$ $(0 < x < 2)$ high-entropy alloys. Journal of Alloys and Compounds, 2009, 488: 57-64.

[30] Kiran N A P, Li C, Leonard K J, et al. Microstructural stability and mechanical behavior of FeNiMnCr high entropy alloy under ion irradiation. Acta Materialia, 2016, 113: 230-244.

[31] Maiti S, Steurer W. Structural-disorder and its effect on mechanical properties in single-phase TaNbHfZr high-entropy alloy. Acta Materialia, 2016, 106: 87-97.

[32] Senkov O N, Scott J M, Senkova S V, et al. Microstructure and room temperature properties of a high-entropy TaNbHfZrTi alloys. Journal of Alloys and Compounds, 2011, 509: 6043-6048.

[33] Senkov O N, Senkova S V, Miracle D B, et al. Mechanical properties of low-density, refractory multi-principal element alloys of the CrNbTiVZr system. Materials Science and Engineering: A, 2013, 565: 51-62.

[34] Tong C J, Chen M R, Chen S K, et al. Microstructure characterization of Al_xCoCrCuFeNi high-entropy alloy system with multiprincipal elements. Metallurgical and Materials Transactions A-Physical Metallurgy and Materials Science, 2005, 36: 1263-1271.

[35] Qiao J W, Ma S G, Huang E W, et al. Microstructural characteristics and mechanical behaviors of AlCoCrFeNi High-Entropy Alloys at ambient and cryogenic temperatures. Materials Science Forum, 2011, 688: 419-425.

[36] Carroll R, Lee C, Tsai C W, et al. Experiments and model for serration statistics in low entropy, medium-entropy, and high-entropy alloys. Scientific Reports, 2015, 5: 16997.

[37] Ren J L, Chen C, Wang G, et al. Dynamics of serrated flow in a bulk metallic glass. AIP Advances, 2011, 1(3): 032158.

[38] Ren J L, Chen C, Liu Z Y, et al. Plastic dynamics transition between chaotic and self-organized critical states in a glassy metal via a multifractal intermediate. Physical Review B, 2012, 86(13): 134303.

[39] 任景莉, 于利萍, 张李盈. 非晶物质中的临界现象. 物理学报, 2017, 66(17): 176401.

[40] Yu L P, Chen S Y, Ren J L, et al. Plasticity performance of $Al_{0.5}$CoCrCuFeNi high entrophy alloys under nanoindentation. Journal of Iron and Steel Research, 2017, 24: 390-396.

[41] Chen S Y, Yu L P, Ren J L, et al. Self-similar random process and chaotic behavior in serrated flow of high entropy alloys. Scientific Reports, 2016, 6: 29798.

[42] Yang H, Huang C, Wu Z, et al. Analysis on the structural transformation of ITER TF conductor jacket tube. Advanced Engineering Materials, 2015, 17: 305-310.

[43] Wang Y, Ma E, Valiev R, et al. Tough nanostructured metals at cryogenic temperatures. Advanced Materials, 2004, 16: 328-331.

[44] Gludovatz B A, Hohenwarter A D. Catoor D, et al. A fracture-resistant high-entropy alloy for cryogenic applications. Science, 2014, 345: 1153-1158.

[45] Deng Y, Tasan C C, Pradeep K G, et al. Design of a twinning induced plasticity high entropy alloy. Acta Materialia, 2015, 94: 124-133.

[46] Jo Y H, Jung S, Choi W M, et al. Cryogenic strength improvement by utilizing room-temperature deformation twinning in a partially recrystallized VCrMnFeCoNi high-entropy alloy. Nature Communications, 2017, 8: 15719.

[47] Laplanche G, Kostka A, Horst O M, et al. Microstructure evolution and critical stress for twinning in the CrMnFeCoNi high-entropy alloy. Acta Materialia, 2016, 118: 152-163.

[48] Zhu Y T, Liao X Z, Srinivasan S G, et al. Nucleation and growth of deformation twins in nanocrystalline aluminum. Applied Physics Letters, 2014, 85: 5049-5051.

[49] Huo W, Zhou H, Fang F, et al. Strain-rate effect upon the tensile behavior of CoCrFeNi high-entropy alloys. Materials Science and Engineering: A, 2017, 689: 366-369.

[50] Huo W, Fang F, Zhou H, et al. Remarkable strength of CoCrFeNi high-entropy alloy wires at cryogenic and elevated temperatures. Scripta Materialia, 2017, 141: 125-128.

[51] Liu B, Wang J, Liu Y, et al. Microstructure and mechanical properties of equimolar FeCoCrNi high entropy alloy prepared via powder extrusion. Intermetallics, 2016, 75: 25-30.

[52] Wu Z, Bei H, Pharr G M, et al. Temperature dependence of the mechanical properties of equiatomic solid solution alloys with face-centered cubic crystal structures. Acta Materialia, 2014, 81: 428-441.

[53] Laktionova M A, Tabchnikova E D, Tang Z, et al. Mechanical properties of the high-entropy alloy $Ag_{0.5}CoCrCuFeNi$ at temperatures of 4.2-300K. Low Temperature Physics, 2013, 39: 630-632.

[54] Lyu Z, Fan X, Lee C, et al. Fundamental understanding of mechanical behavior of high-entropy alloys at low temperatures: A review. Journal of Materials Research, 2018, 33: 2998-3010.

[55] Miracle D B, Senkov O N. A critical review of high entropy alloys and related concepts. Acta Materialia, 2017, 122: 448-511.

[56] 赵凯华, 朱照宣, 黄畇. 非线性物理导论. 北京: 北京大学非线性科学中心, 1992.

[57] 孙霞, 吴自勤, 黄畇. 分形原理及其应用. 北京: 中国科学技术大学出版社, 2003.

[58] Peng C K, Mietus J, Hausdorff J M, et al. Long-range anti-correlations and non-Gaussian behavior of the heartbeat. Physical Review Letters, 1993, 70: 1343.

[59] Peng C K, Shlomo H, Eugene S H, et al. Quantification of scaling exponents and crossover phenomena in nonstationary heartbeat time series. Chaos, 1995, 5: 82.

[60] Ivanov P C, Bunde A, Amaral L A M, et al. Sleep-wake differences in scaling behavior of the human heartbeat: Analysis of terrestrial and long-term space flight data. Europhysics Letters, 1999, 48: 594-600.

[61] Ivanov P C, Amaral L A N, Goldberger A L, et al. From $1/f$ noise to multifractal cascades in heartbeat dynamics. Chaos, 2001, 11: 641-652.

[62] Ashkenazy Y, Ivanov P C, Havlin S, et al. Magnitude and sign correlations in heartbeat fluctuations. Physical Review Letters, 2001, 86: 1900-1903.

[63] Liu Y, Gopikrishnan P, Cizeau P, et al. Statistical properties of the volatility of price fluctuations. Physical Review E, 1999, 60: 1390-1400.

[64] Gopikrishnan P, Plerou V, Gabaix X, et al. Statistical properties of share volume traded in financial markets. Physical Review E, 2000, 62: 4493-4496.

[65] Yamasaki K, Muchnik L, Havlin S, et al. Scaling and memory in volatility return intervals in financial markets. Proceedings of the National Academy of Sciences of the United States of America, 2005, 102: 9424-9428.

[66] Ivanov P C, Yuen A, Podobnik B, et al. Common scaling patterns in intertrade times of US stocks. Physical Review E, 2004, 69: 056107.

[67] Jiang Z Q, Chen W, Zhou W X. Detrended fluctuation analysis of intertrade durations. Physica A: Statistical Mechanics and Its Applications, 2009, 388: 433-440.

[68] Cai S M, Fu Z Q, Zhou T, et al. Scaling and memory in recurrence intervals of internet traffic. Europhysics Letters, 2009, 87: 68001.

[69] Peng C K, Buldyrev S V, Havlin S, et al. Mosaic organization of DNA nucleotides. Physical Review E, 1994, 49: 1685.

[70] Hu K, Ivanov P, Chen Z, et al. Effect of trends on detrended fluctuation analysis. Physical Review E, 2001, 64: 011114.

[71] Chen Z, Ivanov P, Hu K, et al. Effect of nonstationarities on detrended fluctuation analysis. Physical Review E, 2002, 65: 041107.

[72] Hurst H E. The long-term storage capacity of reservoirs. Transactions of the American Society of Civil Engineers, 1951, 116: 770.

[73] Kantz H. A robust method to estimate the maximal Lyapunov exponent of a time series. Physies Letters A, 1994, 185(1): 77-87.

[74] Sato S, Sano M, Sawada Y. Practical methods of measuring the generalized dimension and the largest Lyapunov exponent in high dimensional chaotic systems. Progress of Theoretical Physics, 1987, 77(1): 1-5.

[75] Eckmann J P, Ruelle D. Ergodic theory of chaos and strange attractors. Reviews of Modern Physics, 1985, 57(3): 617-656.

[76] Afroz Z, Urmee T, Shafiullah G M, et al. Real-time prediction model for indoor temperature in a commercial building. Applied Energy, 2018, 231: 29-53.

[77] Aydin I, Karakose M, Akin E. The prediction algorithm based on fuzzy logic using time series data mining method. World Academy of Science, Engineering and Technology, 2009, 51: 91-98.

[78] Hao Y, Tian C. A novel two-stage forecasting model based on error factor and ensemble method for multi-step wind power forecasting. Applied Energy, 2019, 238: 368-383.

[79] Khosravi A, Machado L, Nunes R O. Time series prediction of wind speed using machine learning algorithms: A case study Osorio wind farm, brazil. Applied Energy, 2018, 224: 550-566.

[80] Liu H, Mi X, Li Y. Wind speed forecasting method based on deep learning strategy using empirical wavelet transform, long short term memory neural network and Elman neural network. Energy Convers Manage, 2018, 156: 498-514.

[81] Li X, Xie X, Xue W, et al. Hybrid teaching-learning artificial neural network for city-level electrical load prediction. Science China Information Sciences, 2020, 63: 159204.

[82] Singh S R. A simple method of forecasting based on fuzzy time series. Applied Mathematics and Computation, 2007, 186: 330-339.

[83] Xiong T, Li C, Bao Y, et al. A combination method for interval forecasting of agricultural commodity futures prices. Knowledge-Based Systems, 2015, 77: 92-102.

[84] Zheng H, Lin F, Feng X, et al. A Hybrid deep learning model with attention-based conv-LSTM networks for short-term traffic flow prediction. IEEE Transactions on Intelligent Transportation Systems, 2021, 22(11): 6910-6920.

[85] Ginsberg J, Mohebbi M, Patel R, et al. Detecting influenza epidemics using search engine query data. Nature, 2009, 457: 1012-1014.

[86] Zhu X, Fu B, Yang Y, et al. Attention-based recurrent neural network for influenza epidemic prediction. BMC Bioinformatics, 2019, 20: 575.

[87] Melin P, Soto J, Castillo O, et al. A new approach for time series prediction using ensembles of ANFIS models. Expert Systems with Applications, 2012, 39: 3494-3506.

[88] Soto T, Melin P, Castillo O. Time series prediction using ensembles of ANFIS models with genetic optimization of interval type-2 and type-1 fuzzy integrators. International Journal of Hybrid Intelligent Systems, 2014, 11: 211-226.

[89] Xiong N, Vasilakos A V, Yang L T, et al. Comparative analysis of quality of service and memory usage for adaptive failure detectors in healthcare systems. IEEE Journal on Selected Areas in Communications, 2009, 27: 495-509.

[90] Yin J, Lo W, Deng S, et al. Colbar: A collaborative location-based regularization framework for QoS prediction. Information Sciences, 2014, 265: 68-84.

[91] Clauset A, Larremore D B, Sinatra R. Data-driven predictions in the science of science. Science, 2017, 355: 477-480.

[92] Farmer J D, Sidorowich J J. Predicting chaotic time series. Physical Review Letters, 1987, 59: 845.

[93] Sugihara G, May R M. Nonlinear forecasting as a way of distinguishing chaos from measurement error in time series. Nature, 1990, 344: 734-741.

[94] Ye H, Sugihara G. Information leverage in interconnected ecosystems: Overcoming the curse of dimensionality. Science, 2016, 353: 922-925.

[95] Ma H, Leng S, Aihara K, et al. Randomly distributed embedding making short-term high-dimensional date predictable. Proceedings of the National Academy of Sciences, USA, 2018, 115: E9994-E10002.

[96] LeCun Y, Bengio Y, Hinton G. Deep learning. Nature, 2015, 521: 436-444.

[97] Subrahmanian V S, Kumar S. Predicting human behavior: The next frontiers. Science, 2017, 355: 489.

[98] Guo Z H, Wu J, Lu H Y, et al. A case study on a hybrid wind speed forecasting method using BP neural network. Knowledge-Based Systems, 2011, 24: 1048-1056.

[99] Hinton G, Osindero S, Teh Y W. A fast learning algorithm for deep belief nets. Neural Computation, 2006, 18: 1527-1554.

[100] Kuremoto T, Kimura S, Kobayashi K, et al. Time series forecasting using a deep belief network with restricted Boltzmann machines. Neurocomputing, 2014, 137: 47-56.

[101] Gupta C, Jain A, Tayal D K, et al. ClusFuDE: Forecasting low dimensional numerical data using an improved method based on automatic clustering, fuzzy relationships and differential evolution. Engineering Applications of Artificial Intelligence, 2018, 71: 175-189.

[102] Soto J, Melin P, Castillo O. A new approach for time series prediction using ensembles of IT2FNN models with optimization of fuzzy integrators. International Journal of Fuzzy Systems, 2018, 20: 701-728.

[103] Zhang G P. A neural network ensemble method with jittered training data for time series forecasting. Information Sciences, 2007, 177: 5329-5346.

[104] Hochreiter S, Schmidhuber J. Long short-term memory. Neural Computation, 1997, 9: 1735-1780.

[105] Jaeger H, Haas H. Harnessing nonlinearity: Predicting chaotic systems and saving energy in wireless communication. Science, 2004, 304: 78-80.

[106] Pathak J, Hunt B, Girvan M, et al. Model-free prediction of large spatiotemporally chaotic systems from data: A reservoir computing approach. Physicl Review Letters, 2018, 120: 024102.

[107] Fang W, Yao X, Zhao X, et al. A stochastic control approach to maximize profit on service provisioning for mobile cloudlet platforms. IEEE Transactions on Systems, Man, and Cybernetics: Systems, 2018, 48: 522-534.

[108] Lin B, Guo W, Xiong N, et al. A pretreatment workflow scheduling approach for big data applications in multicloud environments. IEEE Transactions on Network and Service Management, 2016, 13: 581-594.

[109] Nassif A B, Shahin I, Attili I, et al. Speech recognition using deep neural networks: A systematic review. IEEE Access, 2019, 7: 19143-19165.

[110] Wang H, Yamamoto N. Using a partial differential equation with Google Mobility data to predict COVID-19 in Arizona. Mathematical Biosciences and Engineering, 2020, 17(5): 4891-4904.

[111] Wang X, Yu F, Dou Z Y, et al. SkipNet: Learning dynamic routing in convolutional networks. Computer Vision-European Conference on Computer Vision, 2018, 11217: 420-436.

[112] Bolukbasi T, Wang T, Dekel O, et al. Adaptive neural networks for efficient inference. Proceedings of International Conference on Machine Learning, 2017, 70: 527-536.

[113] Huang G, Chen D, Li T, et al. Multi-scale dense networks for resource efficient image classification. Proceedings of the International Conference on Learning Representations, 2018.

[114] Wei X, Wang P, Liu L, et al. Piecewise classifier mappings: Learning fine-grained learners for novel categories with few examples. IEEE Transactions on Image Processing, 2019, 28(12): 6116-6125.

[115] Chao R, An N, Wang J Z, et al. Optimal parameters selection for BP neural network based on particle swarm optimization: A case study of wind speed forecasting. Knowledge-Based Systems, 2014, 56: 226-239.

[116] Wang L Z, Geng H, Liu P, et al. Particle swarm optimization based dictionary learning for remote sensing big data. Knowledge-Based Systems, 2015, 19: 43-50.

[117] Chen S, Chung N. Forecasting enrollments using high-order fuzzy time series and genetic algorithms. International Journal of Intelligent Systems, 2006, 21: 485-501.

[118] Mitchell M. An Introduction to Genetic Algorithms. Cambridge: MIT Press, 1996.

[119] Kennedy J, Eberhart R. Particle swarm optimization. Proceedings of ICNN'95-International Conference on Neural Networks, 1995, 4: 1942-1948.

[120] Jadaan O A, Rajamani L, Rao C R. Improved selection operator for GA. Journal of Theoretical and Applied Information Technology, 2008, 4: 269-277.

[121] Hu H P, Tand L, Zhang S H, et al. Predicting the direction of stock markets using optimized neural networks with Google trends. Neurocomputing, 2018, 285: 188-195.

[122] Broomhead D S, Lowe D. Multivariable functional interpolation and adaptive networks. Complex Systems, 1988, 2: 321-355.

[123] Rumelhart D E, Hintont G E, Williams R J. Learning representations by back-propagating errors. Nature, 1986, 323: 533-536.

[124] Kong W, Dong Z Y, Jia Y, et al. Short-term residential load forecasting based on LSTM recurrent neural network. IEEE Transactions on Smart Grid, 2019, 10(1): 841-851.

[125] Zhao Z, Chen W, Wu X, et al. LSTM network: A deep learning approach for Short-term traffic forecast. IET Intelligent Transport Systems, 2017, 11(2): 68-75.

[126] Potter C. A history of influenza. Journal of Applied Microbiology, 2001, 91(4): 572-579.

[127] Mills C, Robins J, Lipsitch M. Transmissibility of 1918 pandemic influenza. Nature, 2004, 432(7019): 904-906.

[128] Patterson K, Pyle G. The geography and mortality of the 1918 influenza pandemic. Bulletin of the History of Medicine, 1991, 65(1): 4-21.

[129] Gilbertson D, Rothman K, Chertow G, et al. Excess deaths attributable to influenza-like illness in the ESRD population. Journal of the American Society of Nephrology, 2019, 30(2): 346-353.

[130] Fan V, Jamison D, Summers L. Pandemic risk: How large are the expected losses? Bulletin of the World Health Organization, 2018, 96(2): 129-134.

[131] Biggerstaff M, Jhung M, Reed C, et al. Influenza-like illness, the time to seek health-care, and influenza antiviral receipt during the 2010-2011 influenza season-united states. The Journal of Infectious Diseases, 2014, 210: 535-544.

[132] Cauchemez S, Valleron A, Boëlle P, et al. Estimating the impact of school closure on influenza transmission from sentinel data. Nature, 2018, 452: 750-754.

[133] Polgreen P, Chen Y, Pennock D, et al. Using internet searches for influenza surveillance. Clinical Infectious Diseases, 2008, 47: 1443-1448.

[134] Butler D. When Google got flu wrong. Nature, 2013, 494: 155-156.

[135] Lazer D, Kennedy R, King G, et al. The parable of Google flu: Traps in big data analysis. Science, 2014, 343: 1203-1205.

[136] Broniatowski D, Paul M, Dredze M. Twitter: Big data opportunities. Science, 2014, 345: 148.

[137] Hu H, Wang H, Wang F, et al. Prediction of infuenza-like illness based on the improved artifcial tree algorithm and artifcial neural network. Scientific Reports, 2018, 8: 4895.

[138] Wang F, Wang H, Xu K, et al. Regional level influenza study with geo-tagged twitter data. Journal of Medical Systems, 2016, 40: 189.

[139] Generous N, Fairchild G, Deshpande A, et al. Global disease monitoring and forecasting with wikipedia. PLoS Computational Biology, 2014, 10(11): e1003892.

[140] McIver D, Brownstein J. Wikipedia usage estimates prevalence of influenza-like illness in the united states in near real-time. PLoS Computational Biology, 2014, 10(4): e1003581.

[141] Lee K, Agrawal A, Choudhary A. Forecasting influenza levels using real-time social media streams. 2017 IEEE International Conference on Healthcare Informatics, 2017: 409-414.

[142] Santillana M, Nguyen A, Dredze M, et al. Combining search, social media, and traditional data sources to improve influenza surveillance. PLoS Computational Biology, 2015, 11(10): e1004513.

[143] Xue H, Bai Y, Hu H, et al. Influenza activity surveillance based on multiple regression model and artificial neural network. IEEE Access, 2018, 6: 563-575.

[144] Yang W, Lipsitch M, Shaman J. Inference of seasonal and pandemic influenza transmission dynamics. Proceedings of the National Academy of Sciences, USA, 2015, 112(9): 2723-2728.

[145] Hethcote W. The mathematics of infectious diseases. SIAM Review, 2000, 42(4): 599-653.

[146] Degue K, Le Ny L. An interval observer for discrete-time SEIR epidemic models. 2018 Annual American Control Conference, 2018: 5934-5939.

[147] Xiong N, Wu M, Leung V, et al. The effective cooperative diffusion strategies with adaptation ability by learning across adaptive network-wide systems. IEEE Transactions on Systems, Man, and Cybernetics: Systems, 2021, 51(7): 4112-4126.

[148] Zhang Q, Zhou C, Xiong N, et al. Multimodel-based incident prediction and risk assessment in dynamic cybersecurity protection for industrial control systems. IEEE Transactions on Systems, Man, and Cybernetics: Systems, 2016, 46(10): 1429-1444.

[149] Zhou C, Huang S, Xiong N, et al. Design and analysis of multimodel-based anomaly intrusion detection systems in industrial process automation. IEEE Transactions on Systems, Man, and Cybernetics: Systems, 2015, 45(10): 1345-1360.

[150] Girosi F, Poggio T. Networks and the best approximation property. Biological Cybernetics, 1990, 63(3): 169-176.

[151] Moody J, Darken C J. Fast learning in networks of locally-tuned processing units. Neural Computation, 1989, 1(2): 281-294.

[152] Dong X, Lian Y, Liu Y. Small and multi-peak nonlinear time series forecasting using a hybrid back propagation neural network. Information Sciences, 2018, 424: 39-54.

[153] Machado J, Givigi S. Convolutional neural networks as asymmetric Volterra models based on generalized orthonormal basis functions. IEEE Transactions on Neural Networks and Learning Systems, 2020, 31(3): 950-959.

[154] Pei S, Shen T, Wang X, et al. 3DACN: 3D augmented convolutional network for time series data. Information Sciences, 2020, 513: 17-29.

[155] Huang S, Zhou C, Xiong N, et al. A general real-time control approach of intrusion response for industrial automation systems. IEEE Transactions on Systems, Man, and Cybernetics: Systems, 2016, 46(8): 1021-1035.

[156] Yin B, Wei X, Wang J, et al. An industrial dynamic skyline based similarity joins for multidimensional big data applications. IEEE Transactions on Industrial Informatics, 2020, 16(4): 2520-2532.

[157] Liu Y, Liu Q, Wang W, et al. Data-driven based model for flow prediction of steam system in steel industry. Information Sciences, 2012, 193: 104-114.

[158] Jiang F, He J, Zeng Z. Pigeon-inspired optimization and extreme learning machine via wavelet packet analysis for predicting bulk commodity futures prices. Science China Information Sciences, 2019, 62: 70204.

[159] Lee R S T. Chaotic type-2 transient-fuzzy deep neuro-oscillatory network (CT2TFDNN) for worldwide financial prediction. IEEE Transactions on Fuzzy Systems, 2020, 28: 731-745.

[160] Chang V. Towards data analysis for weather cloud computing. Knowledge-Based Systems, 2017, 127: 29-45.

[161] Jordan M I, Mitchell T M. Machine learning: Trends, perspectives, and prospects. Science, 2015, 349(6245): 255-260.

[162] Marx V. Biology: The big challenges of big data. Nature, 2013, 498(7453): 255-260.

[163] Bongard J, Lipson H. Automated reverse engineering of nonlinear dynamical systems. Proceedings of the National Academy of Sciences, USA, 2007, 104(24): 9943-9948.

[164] Schmidt M, Lipson H. Distilling free-form natural laws from experimental data. Science, 2009, 324(5923): 81-85.

[165] Brunton S L, Proctor J L, Kutz J N. Discovering governing equations from data by sparse identification of nonlinear dynamical systems. Proceedings of the National Academy of Sciences, USA, 2016, 113(15): 3932-3937.

[166] James G, Witten D, Hastie T, et al. An Introduction to Statistical Learning. New York: Springer, 2013.

[167] Tibshirani R. Regression shrinkage and selection via the lasso. Journal of the Royal Statistical Society B, 1996, 58(1): 267-288.

[168] Baraniuk R G. Compressive sensing. IEEE Signal Processing Magazine, 2007, 24: 118-120.

[169] Candès E J, Romberg J, Tao T. Robust uncertainty principles: Exact signal reconstruction from highly incomplete frequency information. IEEE Transactions on Information Theory, 2006, 52: 489-509.

[170] Candès E J, Romberg J, Tao T. Stable signal recovery from incomplete and inaccurate measurements. Communications in Pure and Applied Mathematics, 2006, 59: 1207-1223.

[171] Donoho D L. Compressed sensing. IEEE Transactions on Information Theory, 2006, 52: 1289-1306.

[172] Tropp J A, Gilbert A C. Signal recovery from random measurements via orthogonal matching pursuit. IEEE Transactions on Information Theory, 2007, 53: 4655-4666.

[173] Long Z, Lu Y, Ma X, et al. PDE-NET: Learning PDEs from data. International Conference on Machine Learning, 2018: 3214-3222.

[174] Long Z, Lu Y, Dong B. PDE-Net 2.0: Learning PDEs from data with a numeric-symbolic hybrid deep network. Journal of Computational Physics, 2019, 399: 108925.

[175] Sugihara G, May R, Ye H, et al. Detecting causality in complex ecosystems. Science, 2012, 338(6106): 496-500.

[176] Ye H, Beamish R J, Glaser S M, et al. Equation-free mechanistic ecosystem forecasting using empirical dynamic modeling. Proceedings of the National Academy of Sciences, USA, 2015, 112(13): E1569-E1576.

[177] Daniels B C, Nemenman I. Automated adaptive inference of phenomenological dynamical models. Nature Communication, 2015, 6: 8133.

[178] Han D X, Wang G, Ren J L, et al. Stick-slip dynamics in a $Ni_{62}Nb_{38}$ metallic glass film during nanoscratching. Acta Materialia, 2017, 136: 49-60.

[179] Yu L P, Han D X, Ren J L, et al. Correlation between jerky flow and jerky dynamics in a nanoscratch on a metallic glass film. Science China Physics, Mechanics and Astronomy, 2020, 63: 277011.

[180] Guo X X, Xie X, Ren J L, Laktionova M, Tabachnikova E, Yu L, Cheung W S, Dahmen K A, Liaw P K. Plastic dynamic of the Al0. 5CoCrCuFeNi high entropy alloy at cryogenic temperatures: Jerky flow, stair-like fluctuation, scaling behavior, and non-chaotic state. Applied Physics Letters, 2017, 111: 251905.

[181] Liu J P, Guo X X, Lin Q Y, He Z B, An X H, Li L F, Peter K Liaw, Liao X Z, Yu L P, Lin J P, Xie L, Ren J L, Zhang Y. Excellent ductility and serration feature of metastable CoCrFeNi high-entropy alloy at extremely low temperatures. Science China-Materials, 2019, 62(6): 853-863.

[182] Guo X X, Sun Y T, Ren J L. Low dimensional mid-term chaotic time series prediction by delay parameterized method. Information Sciences, 2020, 516: 1-19.

[183] Guo X X, Xiong N N, Wang H Y, Ren J L. Design and analysis of a prediction system about influenza-like illness from the latent temporal and spatial information. IEEE Transactions on Systems, Man, and Cybernetics: Systems, 2022, 52(1): 66-77.

[184] Guo X X, Han W M, Ren J L. Design of a prediction system based on the dynamical feed-forward neural network. Science China Information Sciences, 2023, 66: 112102.

[185] Yu L P, Guo X X, Wang G, Sun B A, Han D X, Chen C, Ren J L, Wang W H. Extracting governing system for the plastic deformation of metallic glasses using machine learning. Science China Physics, Mechanics & Astronomy, 2022, 65: 264611.